筑梦科学

一个国立生命科学研究机构的创新之路

中国科学院遗传与发育生物学研究所　编著

杨维才　胥伟华　主编

DREAMING SCIENCE

科学出版社

北　京

内 容 简 介

本书集中展示了中国科学院遗传与发育生物学研究所成立 60 年以来所取得的若干项重大科技成果、重要的管理和合作经验，以及历任所长和科学大家的真知灼见，立体展现了一个国立生命科学研究机构的科技创新之路。

本书是一本具有创新文化价值的科普图书，可供关注自然科学、生命科学的公众了解科学研究的内容和意义，也可为关心国立科学研究机构的读者提供一些参考。

图书在版编目（CIP）数据

筑梦科学：一个国立生命科学研究机构的创新之路 / 杨维才，胥伟华主编；中国科学院遗传与发育生物学研究所编著. —北京：科学出版社，2019.9

ISBN 978-7-03-062313-3

Ⅰ. ①筑…　Ⅱ. ①杨…　②胥…　③中…　Ⅲ. ①生命科学—科学研究组织机构—概况—中国 Ⅳ. ① Q1-0

中国版本图书馆 CIP 数据核字（2019）第 196158 号

责任编辑：王玉时 ／责任校对：严 娜
责任印制：张 伟 ／封面设计：楠竹文化

科 学 出 版 社 出版
北京东黄城根北街 16 号
邮政编码：100717
http://www.sciencep.com
北京虎彩文化传播有限公司 印刷
科学出版社发行 各地新华书店经销

*

2019 年 9 月第 一 版　开本：720×1000 1/16
2019 年 10 月第二次印刷　印张：18
字数：241 000

定价：98.00 元

（如有印装质量问题，我社负责调换）

《筑梦科学——一个国立生命科学研究机构的创新之路》编委会

科学精神的继承与弘扬

科学是持之以恒的事业。我国科学技术的发展史也是一部科学家的奋斗史和科学家精神的传承史。无论在哪个时代，当科学家对祖国的忠诚遇见对科学的激情，必然迸发出创新的伟力。

回望新中国建立 70 年来我国科技发展的峥嵘岁月，从"两弹一星"到"北斗""蛟龙""悟空"，从杂交水稻到分子育种，从人工合成胰岛素到量子科技与通信，我国科技工作者创造了一个又一个创新奇迹。从钱学森、华罗庚、邓稼先等老一辈科学家到超导院士赵忠贤、"改革先锋"潘建伟、"时代楷模"南仁东、王逸平等，一代又一代科技工作者心系家国天下、逐梦科技强国，以强烈的爱国情怀、高尚的人格品行、深厚的学术造诣、宽广的科学视角，谱写出绚丽的人生篇章，为祖国和人民做出了彪炳史册的重大创新贡献。

习近平总书记在 2018 年两院院士大会讲话中提出："我们比历史上任何时期都更接近中华民族伟大复兴的目标，我们比历史上任何时期都更需要建设世界科技强国！"* 尤其是当下我国正处于经济转型的关键时期，面临许多新情况、新矛盾和新问题。破解这些矛盾和问题，推动经济社会实现高质量发展，需要科技创新发挥关键驱动力作用，需要广大科学家和科技工作者群体传承和发扬胸怀祖国、服务人民、勇攀高峰、追求真理、淡泊名利、团结协作的科学家精神。

民以食为天，粮食安全事关国家稳定，农业、农村、农民问题是关系国计民生的根本性问题。中国科学院遗传与发育生物学研究所（以下简称遗传发育所）成立于 1959 年，60 年来，一直秉持科学植根于人民、造福于人民的理念，

---

* 引自 http://rencai.people.com.cn/n1/2018/0529/c244801-30019627.html。

先后在小麦远缘杂交、农业科技"黄淮海战役"、渤海粮仓、分子模块设计育种等重大专项上取得了骄人的成绩，为保障国家粮食安全、提升人民生活水平提供了重要支撑。60年来，遗传发育所涌现出了童第周、李振声、李家洋、曹晓风等一代又一代杰出科学家，他们的典型事迹和奉献精神值得我们记录和传承。

党的十八大以来，以习近平同志为核心的党中央把粮食安全作为治国理政的头等大事，审时度势确立并深入实施"以我为主、立足国内、确保产能、适度进口、科技支撑"的国家粮食安全战略。习近平总书记要求我们"要推进农业供给侧结构性改革，提高农业综合效益和竞争力。要以科技为支撑走内涵式现代农业发展道路，实现藏粮于地、藏粮于技"。*

在新的历史时期，作为国立科研机构，遗传发育所要继续传承和发扬老一辈科学家的精神，加快实施"率先行动"计划，锐意改革、攻坚克难、牢记使命、砥砺奋进，面向我国农业和人口健康的科学前沿和重大战略需求，努力产出更多原始创新成果、攻克一批关键核心技术。

今年是新中国成立70周年，也是中国科学院遗传与发育生物学研究所建所60周年。在这样一个重要时刻，遗传发育所通过撰书的形式回顾研究所在遗传学、发育生物学等重点学科上的发展历程，探讨一个国立科研机构的责任和使命，这是承继前人披荆斩棘、筚路蓝缕的创新创业精神，鼓励后人勇于创新、甘于奉献的一种很好形式。

希望遗传发育所全体科研人员砥砺"以国家之务为己任"的报国热忱，激扬"以身许国，何事不可为"的勇毅担当，在国家和人民最需要的地方散发光芒，创造出无愧时代、无愧历史的更大业绩。

中国科学院院长、党组书记

中国科学院学部主席团执行主席

2019年8月

---

* 引自 http://cpc.people.com.cn/n1/2019/0309/c164113-30966319.html。

以醉心科研的初心迎接
百年未有之大变革

　　党的十九大报告指出，创新是引领发展的第一动力，是建设现代化经济体系的战略支撑，要加强国家创新体系建设，强化战略科技力量。2013 年 7 月 17 日，习近平总书记视察中国科学院，强调中国科学院"是一支党、国家、人民可以依靠、可以信赖的国家战略科技力量"，勉励我们牢记使命，"不断出创新成果、出创新人才、出创新思想"，并对我院未来发展提出了"四个率先"的要求，即"率先实现科学技术跨越发展，率先建成国家创新人才高地，率先建成国家高水平科技智库，率先建设国际一流科研机构"。* 这对我们既是充分肯定，也是热情鼓励，既是巨大鼓舞，更是有力鞭策。

　　中国科学院遗传与发育生物学研究所（以下简称遗传发育所）是中国科学院一百多个国立科研机构中的一员。作为一个国立科研机构，如何在国家未来发展中发挥更大作用，是一个大家普遍关心的问题。

　　回顾遗传发育所 60 年发展历程，从 1951 年为解决国家粮食不足问题而成立的遗传选种馆，到 1959 年正式成立的遗传研究所，再到 2001 和 2002 年，遗传研究所相继与发育生物学研究所和石家庄农业现代化研究所整合，组建为遗传与发育生物学研究所，一路走来几经变革，每一步都烙印着国家战略意图，具有鲜明的时代特征。在几任领导班子励精图治与全所人员以及各界同仁的共同努力下，遗传发育所得以全面发展，并跻身世界知名研究所行列。

---

* 引自 http://scitech.people.com.cn/n/2014/0310/c126054-24587134.html。

国家需求是动力，科学创新是核心，我们有以下几点感想。

一、优秀的科技人才是创新的动力源泉

"士者，国之重器。得士则重，失士则轻"。在知识经济时代，人才已成为战略性资源，人才资源的丰富与否决定着一个国家综合国力的强弱与国际竞争力的高低。遗传发育所始终把科技人才看作发展的核心动力。60 年前，诞生之初的遗传所只有 82 名科研人员。如今，遗传发育所已经发展成为拥有 89 个创新研究组、近 500 名科研人员的中国科学院 A 类研究所。

面向生命科学前沿、农业发展和人口健康的国家战略需求，遗传发育所一大批优秀科研人员发现问题、解决问题，做出了许多世界级的科研成果。未来，围绕着新的学科布局和科学任务，研究所将持续引进优秀人才、关键人才，持续营造"充满阳光、肥沃土壤"的科研创新生态，让他们成长为学科领军人才、拔尖人才，占领更多科学高地。

二、现代化管理体系是科学研究的重要保障

有了顶尖的科技人才，还要通过科学的组织和管理来支持和保障创新研究。以前，研究所在科研管理上采取了一些创新的举措，比如启动国际同行评议、建立突破性的人才引进政策、实施全成本核算制度、创新文化建设等，有效地促进了研究所的各方面发展，科学研究水平与国外的差距不断缩小，甚至在不少领域我们实现了超越。

但是，在各行各业都在飞速发展的今天，我们要看到研究所管理体系的能效依然存在着很大的提升空间。进一步提高科研管理的质量和效率、加强人事制度的激励效用、提升基地平台与信息传播等单元的支撑能力，以及建立一支专业和高效的管理支撑队伍，都是需要研究所各个部门和管理团队不断思考和执行的。

三、坚持笃志创新的科研文化，持续营造绿色科研氛围

科学精神是对事物本质规律的求索精神，是对知识的确定性的追求，是超越短期功利而对绝对真理渴求的意念。习近平总书记要求科技工作者"要恪守科学精神、脚踏实地、埋头苦干，坚韧不拔、不畏挫折，淡泊名利、不

浮不躁，始终保持探索真知的坚定意志和创新创业的高昂激情"。* 无论是在"一穷二白"、跟跑追赶的过去，还是在创新引领、加速跨越的今天，一代代遗传发育所人追求真理和勇于奉献的初心没有变。几十年来，研究所传帮带文化代代传承、历久弥新，"厚德、笃志、求索、创新"的精神在每一个遗传发育所人心中扎根，激励大家奋力探索。

四、要具有敢为人先、谋发展的战略眼光

当今中国正处于百年未有之大变革之中。从"十二五"到"十三五"，我国提出了到 2020 年进入创新型国家行列、2030 年跻身创新型国家前列、到 2050 年建成世界科技创新强国的"三步走"目标。作为一个国立科研机构，遗传发育所的使命是响应和完成国家战略需求和任务，并发展成为国际一流的科研机构。

如何践行使命？这要求我们更加关注"从 0 到 1"的基础研究，瞄准世界科技前沿，努力取得重大原创性创新突破。我们鼓励科研人员围绕重要科学问题开展长期研究，勇于挑战新领域，努力提出新理论、设计新方法、发现新现象、发展新技术。同时，我们也比以往任何历史时期更加重视科技成果的转化，加快实现科技服务民生的步伐。目前，我们正在建设的种子创新院就是这样一条路径。我们希望，未来遗传发育所能够造就一批企业，在支撑国家种业发展、农业现代化等方面发挥更加重要的作用。

歌德曾经说过，历史给我们的最好的东西就是它所激起的热情。在这个百年未有之大变局的新时代，我们希望每个遗传发育所人都能够以全新的世界观和发展观审视自己，以全身心的热情投入到工作中去，继续发扬优良传统，锐意创新，造福人类。

以史为鉴可以知兴替。今年是中国科学院遗传与发育生物学研究所成立 60 周年，借此机会我们编写此书，向公众介绍研究所 60 年来所取得的科学、技术创新成果，以及一些管理和发展经验。希望此书能够让关注生命科学的公众更多地了解一个科研机构的使命和任务，为关注国立科研机构的读者提

---

* 引自 http://politics.people.com.cn/GB/8198/14547686.html。

供参考，了解科研发展背后的规律及故事。同时，我们也借此书衷心感谢在不同时期为研究所发展献身献力的各届所友和朋友们。

在此，我们谨代表中国科学院遗传与发育生物学研究所，对本书的编写者、受访者和其他做出贡献的朋友们表示诚挚的感谢。本书的顺利出版，让一个国立科研机构的形象跃然纸上，让科学向公众又迈进了一步。

中国科学院遗传与发育生物学研究所所长

中国科学院遗传与发育生物学研究所党委书记

2019 年 8 月

Contents

目　录

第二部分　协同创新　Synergy Innovation

第三部分　管理创新　Management Innovation

Contents ‖ 目　录

第四部分　**访　谈　录**　Interviews

附录一　**遗传发育所重要成果**　/ 257

薪火相传一甲子

——写在中国科学院遗传与发育生物学研究所成立 60 周年之际

在我们生存的地球家园里，顽强地存活着约 3000 万物种，世界因此而生机盎然。作为这个星球上的智慧生命，人类一直致力于探索生命的奥秘，以科技为利器，逐一破解生命的诸多难题。

位于中国北京奥运村园区的国立科研机构——中国科学院遗传与发育生物学研究所（本书中简称遗传发育所），正在探索与人类生存息息相关的农作物、动物以及人类自身的生命奥秘——无论是一粒种子、一个细胞，还是一段基因，在神奇的微观世界里都呈现出生命的壮观景象。

像这样对生命的探索已进行了整整 60 载。

成立于 1959 年的中国科学院遗传研究所（本书中简称遗传所）是我国最早探索遗传学的国立科研机构；成立于 1978 年的中国科学院栾城农业现代化研究所（本书中简称农业现代化所），是首批担起我国农业现代化建设任务的研究机构之一；成立于 1980 年的中国科学院发育生物学研究所（本书中简称发育所），是我国当时唯一研究发育生物学的专业机构。

2002 年，这三股力量突破空间格局，融汇一体——中国科学院遗传与发育生物学研究所诞生！这座面貌一新的国立科研机构面向生命科学前沿，继续探索、解析生命的奥秘。

创新是我们最深沉的民族禀赋。这一特质，60 年来被一代代遗传发育所的科学家发扬光大。从杂交高粱到麦草远缘杂交，再到水稻分子设计育种，为我国粮食安全持续保驾护航；从胚胎移植到人类基因组测序，再到组织器官再生，在生命科学和技术前沿不断突破。一项项尖端科技创新成果，不断延伸着人们对"国立生命科学研究机构"的想象。科学家为此付出的汗水与智慧，早已化为一股强劲的力量，在中国农业可持续发展、人口健康的宏大卷轴中刻画出深刻印记。

唯真求实，遗传薪火育出累累硕果

1959 年，为了迎接新中国第一个"伟大的十年"，全国上下斗志昂扬：工人们连夜奋战在生产线上，生产出更多更好的钢材、机械配件；不到一年时间，巍峨的"十大建筑"在首都拔地而起……

在这份凝聚了民族向心力的国家记忆中，中国科学院同样用实际行动作出了贡献。1959 年 9 月 25 日，国家科学技术委员会、中国科学院分别正式行文，将植物研究所遗传研究室与动物研究所遗传组合并，成立中国科学院遗传研究所。为新中国的遗传学发展注入了活力！

回溯历史，遗传所的发展折射出新中国科研单元从无到有、由小及大的建设、成长历程。

1951 年，中国科学院遗传选种实验馆创建，它便是遗传所的前身，主要开展农作物选种和栽培研究，落户在北京市海淀区复兴门外北蜂窝。实验馆诞生于新中国成立初期，研究条件有限，规模很小，仅有 30 人左右，乐天宇担任馆长。

1952 年，遗传选种实验馆更名为遗传栽培研究室，设立遗传与栽培两个研究组，隶属于中国科学院植物研究所。1953 年，遗传栽培研究室迁入华北农业科学研究所（中国农业科学院前身），与该所建立合作关系。1955 年，遗传栽培研究室中的栽培部分调整到西北农业生物研究所（后并入西北农林科技大学）。1956 年 5 月，遗传栽培研究室更名为遗传研究室，行政上仍隶属于植物研究所。

遗传研究室主要开展冬小麦、棉花、甘薯、黄瓜等作物的新品种选育工作。在那个任务带学科的年代，一批具有远见卓识的科学家提出，遗传学是生物学的一个重要学科，应该成立一个专门的遗传学研究机构，以便计划、安排、发展遗传学研究工作。

遗传所的诞生，承载了新中国生命科学发展的希冀。

成立之初，遗传所只有 82 名科研人员、5 间实验室，由钟志雄担任副所长。使用北京市中关村"文学楼"的部分办公室作为办公地点，条件十分艰苦，就连挂钟和冰箱都是从旧货市场买来的。

1964 年，遗传所响应中国科学院号召，搬到位于北京北郊的 917 大楼，并在这里开辟了 240 多亩的试验农场。如今，这里寸土寸金，而那时荒凉一片，但艰苦挡不住坚韧的中国科学家执着求索、为国为民的精神。

20 世纪 60 年代，遗传所的科研工作主要围绕作物栽培和遗传育种展开。科研人员率先在国内开展了雄性不育三系配套和杂种优势利用研究，选配了一批高产高粱杂交组合，推广面积达 2000 余万亩，并在全国范围内普及和推广杂种优势利用技术和基础知识，为我国进一步应用和发展杂种优势技术奠定了基础；开展了低剂量电离辐射对人的遗传学效应研究，开创我国辐射遗传学研究之先河。

20 世纪 70 年代，随着国际上生物技术和细胞工程的兴起，遗传所也紧跟发展，一批具有显示度的科研工作相继涌现。

科研人员在国际上首次培养出小麦花粉植株，随后玉米、三叶橡胶和甘蔗等作物花粉植株也相继培养成功，开创了我国花药培养的先河；率先

1964 ~ 2003 年，遗传所（现遗传发育所）的办公地点——北京北郊的 917 大楼

开展了小鼠、兔、羊和牛胚胎工程研究，成功实施羊、牛等家畜胚胎移植，拉开了我国家畜胚胎工程研究序幕；在国内最早开展染色体遗传疾病、代谢疾病、智力低下等遗传疾病的孕早期产前诊断，成为相关研究领域的开创者。

1977年，"文化大革命"结束，研究所焕发勃勃生机。经国务院批准，胡含被任命为遗传所第一任所长。其后，李振声、陈受宜、李家洋先后担任所长。

80年代起，遗传所陆续加强分子遗传学、基因工程等领域的研究力量，至20世纪末，在一代代科学家的努力下，研究所取得一批瞩目的研究成果。

在植物遗传及育种领域，获得国内第一批转基因植株——转基因抗阿特拉津除草剂的大豆植株及后代，并先后获得水稻、小麦、油菜、杨树等具有抗性基因的转基因植株；通过远缘杂交、理化诱变、单倍体育种等育种新途径，培育出多个小麦、玉米、水稻、大豆等优良品种，为农业生产带来巨大经济效益；在农业科技的"黄淮海战役"中，选育出适于试区生态类型的农作物新品种，促进了种植结构优化，增产效果显著；与美国科学家合作克隆出广谱抗水稻白叶枯病基因；率先开展航天育种工作等。

在动物遗传、人类遗传和免疫遗传领域，成功培育出家鸡纯系与胚胎系，填补了我国自育白壳蛋鸡良种的空白，节省大量引种外汇；建立了"中国不同民族永生细胞库"，保存了宝贵的中华民族遗传资源；在国内最早开展基因工程抗体研究，在国际上首次报道多种抗肿瘤抗体成功表达，获得多项国际和国家专利。

在基因组测序领域，主导申请和承担国际"人类基因组计划"的1%测序任务，使中国成为除美、英、日、法、德以外此计划中唯一的发展中国家；在国际上率先完成水稻（籼稻）基因组"工作框架图"绘制，免费公布全部序列数据。一系列测序工作为我国基因组学的发展奠定了基础。

遗传所在1981年和1986年先后获批硕士学位和博士学位授予单位。为了更好地进行学科建设，1989年，遗传所组建植物细胞与染色体工程国家重点实验室。第二年，与中国科学院微生物所共同组建了植物生物技术院重点开放实验室。

遗传所先后创办了中国遗传学领域的代表性期刊——《遗传学通讯》（后更名为《遗传》）和《遗传学报》等刊物，出版了《植物遗传操作技术》《家畜胚胎移植》《植物空间诱变》等多本图书。

至 2000 年，遗传所共有职工 405 人，其中科研人员 237 人。

遗传所的历史卷轴，记录着时代蜕变和社会肌体的吐故纳新，也展现了我国遗传学研究发轫的一簇薪火。遗传所的发展得到了党和国家领导人的关注与支持，原国务院总理李鹏，原国务委员温家宝，原国务院副总理方毅、姜春云和李岚清等领导人先后视察遗传所。

勇于开拓，发育智慧熠熠生辉

20 世纪 70 年代，发育生物学这一古老而又年轻的学科正式形成，这是一个研究生物体发生、成长以至衰老、死亡整个生命过程的学科。面对这一学科的快速崛起，在我国建设一个独立的发育生物学研究机构被提上日程。

1978 年，我国著名实验胚胎学家、中国科学院副院长童第周先生与美国坦普尔大学教授牛满江联名向中央、中国科学院建议：希望在北京建立一个现代化的发育生物学研究所，成为未来这一研究领域的国际学术交流中心。

这一报告很快得到肯定与批准，适逢 1979 年中美恢复建交，发育生物学研究所自筹建起就得到了国内外多方的关注与支持。

原国家科学技术委员会和中国科学院提供了 425 万元人民币的建设资金，联合国人口活动基金会和美国洛克菲勒基金会又分别资助了 35 万和 55 万美元的建设资金。中美双方联合设计了先进的科研大楼，大楼拥有当时国内为数不多的中央空调，安装了美国生化实验标准实验台，安排了各类附属用房，包括公共仪器间、同位素室、低温实验室、动物房、水族室和图书馆等。

1980 年 3 月 20 日，中国科学院发育生物学研究所正式成立，由中国科学院上海细胞生物学研究所所长庄孝僡兼任所长。发育所第一批职工有41人，其中大部分人员来自童第周先生领导的中国科学院动物学研究所细胞生物学研究室。

发育所的发展蓝图非常清晰：成为一个研究方向明确，规模小，科研人员素质比较强、效率比较高，科研设备现代化，并能与国外科研机构和科学家进行合作交流的单学科现代化研究所。

沿着这条轮廓鲜明的路线，发育所迅速开展相关研究工作，至20世纪末的20年时间里，在基础研究与应用研究上，取得了一系列成果。这期间，严绍颐、孙方臻先后担任所长。

得益于童第周先生40余年研究工作的积累，科研人员利用细胞核移植技术对我国经济鱼类品种进行改良，将"鲤鲫的核质杂交"研究获得的杂交鱼后代进行生产推广，产生了良好的经济效益。

科研人员率先在国内开展了哺乳动物的细胞核移植工作，1989年获得没有遗传污染的克隆兔，1991年获得克隆山羊，1993年获得世界上首批"胚胎细胞连续核移植山羊"。率先在国内开展细胞工程和分子生物学相结合的转基因动物研究，在国内首次将乙肝表面抗原基因及人生长激素基因转入家兔受精卵，建立"家兔个体表达系统"；在国内首次获得红细胞因子转

1983年，中美联合设计的发育所大楼交付使用

基因核移植山羊。此外，科研人员在小鼠受精过程中卵激活和精核重建机理、利用自交不亲和性研究花粉识别等研究工作中也取得了突破性的成果。

"小而精"的发育所非常重视创新能力的提升。发育所是中国科学院最早引进国外科学家和优秀留学人员的研究所之一。创办《发育与生殖生物学报》（后更名为《基因组蛋白质组与生物信息学报》），出版《基因工程原理》《金鱼的变异与遗传》等多本图书。1994 年，中国科学院分子发育生物学重点开放实验室成立，这是我国在发育生物学领域建立最早的重点实验室。

至 2000 年，发育所共有职工 105 人，其中科研人员 42 人。

坚守执著，向农业现代化进击

"丰年多黍多稌，亦有高廪。"丰年，是千百年来中国百姓对粮食富足、幸福生活的恒久守望。

新中国成立后，我国农业生产取得了巨大成就，但长期以来粮食仍然紧张，只能按量分配解决口粮。让百姓吃饱，是结束"文化大革命"后中国的头等大事。与之形成鲜明对比的是，发达国家的农业此时已达到现代化水平。

1978 年年初，为加强农业综合研究能力，适时转化农业科研成果、推进我国农业现代化建设，逐步解决我国粮食和农产品总量不足等问题，国务院副总理邓小平指示中国科学院组建农业现代化研究单元。

中国科学院迅速行动，向国务院呈报了"关于建立农业现代化综合科学实验基地的请示报告"，计划集中力量在河北栾城县、黑龙江海伦县和湖南桃源县，建立具有不同地域特色的农业现代化综合科学实验基地。

1978 年 6 月 19 日，中国科学院发布《关于建立湖南、河北、黑龙江三省农业现代化研究所的通知》，中国科学院栾城农业现代化研究所正式组建。1979 年，其更名为中国科学院石家庄农业现代化研究所。

作为推进农业现代化建设的一支重要力量，被定位为"小所大基地"的农业现代化所的主要任务是：研究基地县实现农业现代化过程中的科学技术、中间实验和新技术应用，搜集推广国内外有关先进技术，总结、交流基地县的经验，与国内外有关科研单位进行学术交流。

这是一个由中国科学院与河北省共同领导的科研机构。1978 年，中国科学院地理研究所副所长郭敬辉被任命为农业现代化所首任所长，其后，曹振东、刘昌明先后担任所长。

农业现代化所成立初期，工作重点是面向华北地区，探索县域内实现农业现代化之路并带动周边地区。科研人员参加了我国有史以来第一次县域规模的农业资源考察和农业区划，首次提出和实施了我国农业为主的县域资源考察方法和关键技术；首次研制出我国第一代管式塑料大棚，开创了我国设施农业发展；首次引进美国大型农田机械设备示范，开始了我国现代农业道路的探索；承担"黄淮海平原中低产地区综合治理"任务，为我国粮食增产作出巨大贡献；首次提出"庭院经济"与"林业生态工程"理论，推动了全国"庭院经济"的蓬勃发展与林地综合生态治理。

1985 ～ 1995 年，我国经济发展迅速，农业随之进入快速发展期，农业现代化所转向生态恢复型农业研究。在这一时期，农业现代化所积极承担国家和科学院科技攻关任务，开展了大兵团、多学科、规模化的科技项目，包括"河北省河间农村能源综合建设试点""华北地区年产百万株林木组培苗工厂化生产技术研究""低山丘陵立体林业生态工程研究"等；在被誉为"农业两弹一星"的农业科技"黄淮海战役"中，圆满完成了河北南皮常庄试区的科技攻关任务。在国家科学技术委员会 1992 年组织的全国 5000 多个科研院所绩效评估中，农业现代化所位居全国第二名，成为"小所大贡献"的典范。

1996 ～ 2002 年，随着粮食生产的大幅度提高，我国北方水资源不足的窘况日益突出，特别是华北地区水资源严重匮乏，对农业生产和科学技术提出了新的挑战，农业现代化所进入资源节约型农业研究时期。科研人员建立了节水型农业模式，提出了深浅井结合，咸淡水混用的低压管道输水灌水技术等实用技术；利用染色体工程方法选育高效节水作物品种，培育出系列小麦新品种，尤其是国审小麦"高优 503"，为中国食用小麦打

2002 年，中国科学院石家庄农业现代化研究所（右上）被异地整合入遗传
发育所，更名为中国科学院遗传与发育生物学研究所农业资源研究中心

入国际市场"破冰"；在国内首次研究出保健食品"胡萝卜鲜榨汁"，成为
国奥队专供饮品。

　　农业现代化所先后在栾城、南皮、太行山山地建设了 3 个野外台站，
对区域农业生态进行观测、数据收集，进行区域农业试验等。创办了侧重
农业综合性研究的学术期刊《生态农业研究》（后更名为《中国生态农业
学报》）。

　　在我国改革开放即将迎来第二个十年之际，全球掀起新技术革命。
这场超越人类科技史上任何一次变革的浪潮，拉开了知识经济时代的
帷幕。

　　在知识经济时代，先进科学的发展水平以及由此而来的经济发展速
度已经成为一个国家最关键的实力资源。此时，我国正处于科技与经济
高速发展时期，科学大发展的条件日趋成熟，但与世界先进科技水平相

比仍有不小差距。对中国而言，知识经济时代不仅是一次巨大的挑战，更是难得的宝贵机遇。

机者如神，难遇易失。中国的战略抉择是直面挑战。1998年6月，由中国科学院率先进行国家创新体系建设的试点——中国科学院知识创新工程试点（以下简称知识创新试点工程）。着眼国际科学前沿，着眼国家战略需求，中国科学院率麾下一百多个院所在这次改革大潮中重新定位。

2001年，历史的车轮将遗传所、发育所及农业现代化所牵引到这场科技格局巨变之中。

大势所趋，三所融合锐意改革

1998年，国务院决定由中国科学院启动"知识创新工程"，作为国家创新体系试点。这是一个为时13年的计划，分为启动阶段（1998～2000年）、全面推进阶段（2001～2005年）和调整完善阶段（2006～2010年）。该工程总目标是面向国家战略需求，面向国际前沿，加强原始性科学创新，加强战略性技术创新，为国家作出基础性、战略性、前瞻性的新贡献。

遵循这一总目标的指引，中国科学院大刀阔斧地改革。按照"具备相对一致的战略目标、低水平重复布局、鼓励交叉综合、具有适当集中的园区和易于共享的支撑条件"等原则，对上百个研究所进行组织结构调整。同时，人事制度改革相应启动，只有1/3的现有人员可进入知识创新工程试点，获得相对高强度的经费支持。

在中国科学院的总体部署下，生命科学及农业生态领域的一批研究所相继进入整合序列。遗传学与发育生物学在细胞和分子水平上相互交融、密不可分。两所合并，大势所趋。

2001年9月15日是一个值得铭记的日子，中国科学院下发通知，将遗传研究所与发育生物学研究所整合，组建中国科学院遗传与发育生物学研究所，并纳入中国科学院知识创新工程试点。

　　整合后的发展目标是希望通过 5 年努力，将研究所的整体研究调整到国际重要的前沿领域，并达到国际先进水平；在基因组、分子发育生物学、动植物品种设计和人类遗传多样性等研究领域内，作出基础性、战略性、前瞻性的贡献。原遗传所所长李家洋被任命为遗传发育所第一任所长。

　　知识创新工程的改革在继续前行。2002 年 4 月，中国科学院石家庄农业现代化研究所被异地整合入中国科学院遗传与发育生物学研究所，更名为"中国科学院遗传与发育生物学研究所农业资源研究中心"。

　　时任中国科学院副院长陈宜瑜在谈到这场跨越空间的整合时说："希望通过遗传发育所和农业现代化研究所的优势互补，把基础研究与育种示范推广结合起来，在华北地区乃至全国生命科学与农业生态领域形成一支无可替代的创新力量。"

2001 年 4 月，中国科学院副院长陈宜瑜为遗传所和发育所的整合做动员（左），并与新一任的领导班子合影（右）

　　至此，三所整合顺利完成，一个历史积累丰富而又充满活力的国立科研机构——遗传发育所以崭新的面貌出现在我国科技发展史上！

换挡提速，创新驱动勇攀科技高峰

　　新组建的遗传发育所在发展中逐渐明确了目标和任务：瞄准生命科学前沿，面向我国农业和人口健康的重大战略需求，重点开展基因组结构与调控规律、细胞发育分化分子机理、重要农艺性状分子解析、农业生态可持续发展、前沿学科交叉领域的研究，揭示植物基因组表达调控规律、阐明细胞分化的分子机制和建立新的品种设计理论与技术体系，解决遗传与发育生物学领域的重大科学和技术问题。

围绕这一目标和任务，遗传发育所对学科布局进行了调整，逐步发展为拥有植物分子生物学、模式动物分子发育、人类遗传疾病、生物信息与系统生物学以及农业水资源研究等重要前沿学科，且相互交叉和融合的合理布局，改变了过去学科较为单一和传统的局面。实施了一系列管理创新举措，包括大力引进高层次人才、率先实施国际评估、摸索建立全成本核算制度等，有计划、有步骤地健全和创新研究所运行机制，实现政令畅通，为科研创新厚植沃土。

2003年，遗传发育所建制再次调整。由于人类基因组中心在人类、水稻等基因组测序方面所取得的突出成绩，中国科学院将该中心分离并建立中国科学院北京基因组研究所。

2004年，薛勇彪接任遗传发育所所长。其后，杨维才担任所长。

数座崭新的科研大楼在中国科学院奥运村园区拔地而起，2006年，遗传发育所整体搬迁，进入新园区。知识创新工程带来的压力和动力，优美的科研环境，全新的实验设施，让科研人员的创新热情空前高涨，研究所步入发展快行道。

九层之台，起于累土。凭着不懈的努力，研究所创新实力与日俱增，科研创新水平达到同领域国内领先地位，部分研究方向步入国际先进行列，科研实力和竞争力大幅提升，研究经费稳步增长，取得一系列重大研究成果。

面向遗传与发育生物学科学前沿，遗传发育所在基因组测序、表观遗传学分子机理、重要性状基因挖掘、基因组编辑技术、发育与疾病等领域取得了一批具有重大国际影响的原始创新成果。

在基因组研究方面，2002年在国际上率先完成了水稻基因组精细图谱的绘制和第四号染色体的精细测序工作；2013年和2018年分别完成小麦A基因组草图绘制和精细图谱绘制；先后进行了盐芥、橡胶草、番茄、大豆、金鱼草等重要模式和资源植物的基因组测序分析工作。

在表观遗传学分子机理研究方面，系统揭示了组蛋白甲基化和小分

2006 年，遗传发育所整体迁入中国科学院奥运村园区，图中依次为
2 号楼（上）、3 号楼（左下）和 1 号楼（右下）

子 RNA 等表观遗传修饰在转录和转录后水平调控基因表达和转座子活性
的分子机理，取得了一系列原创性成果，促进了植物表观遗传学学科的
发展。

在功能基因组研究方面，首次分离克隆了水稻分蘖控制基因，揭示了
禾本科植物株型发育分子机理，系统阐明了水稻理想株型形成的分子调控
机制等工作，奠定了我国在水稻功能基因组研究领域的国际领先地位，系
列工作荣获 2017 年度国家自然科学奖一等奖；克隆了金鱼草自交不亲和
花粉决定因子，深入解析了被子植物有性生殖的分子机理，取得植物生殖
领域重大突破，分别荣获 2007 年和 2013 年国家自然科学奖二等奖；克

隆了农作物氮肥高效利用的关键基因，揭示了其分子调控机制，在国际上引起广泛关注，入选 2018 年中国科学十大进展。

在植物基因组编辑技术方面，建立了具有自主知识产权的新技术体系，首次实现小麦多基因同时突变，创制出对小麦白粉病具有广谱抗性的新材料。这项研究发表在《自然－生物技术》(*Nature Biotechnology*)杂志上，并在 2016 年被其评为创刊 20 周年最具有影响力的 20 篇论文之一。

在神经系统发育与疾病的分子机制方面，发现多个蛋白复合体、信号通路、脂质在大脑神经系统特化，干细胞发育，神经元、神经轴/树突生长，突触形成与重塑等过程中的作用与调控机制；首次发现特定条件下，神经干细胞能够调控新生神经元发育，为研究衰老后认知能力衰退的分子机制提供思路；在全球首次证实寨卡病毒可以直接导致小颅畸形，并发现寨卡病毒传播途径和导致毒性增强的位点等，这对于寨卡病毒致病机制研究和疫苗药物的研发具有重要指导意义。

在物质运输、代谢与衰老研究领域，鉴定了多个新的白化病、高脂血症、大脑发育缺陷等致病基因，阐明了相关代谢疾病与进化的机制；发现 *SLC35D3* 基因突变影响多巴胺受体运输，导致肥胖及代谢综合征，结合转化医学手段，建立了相应的基因诊断方法；发现调控细胞内钙离子动态平衡促进脂肪存储，为脂肪缺乏症病人提供了潜在的治疗手段；发现发育调控因子 Wnt 参与介导神经细胞与肠道细胞之间跨细胞、跨组织的线粒体应激反应，为治疗神经退行性疾病以及伴随的代谢紊乱症提供了潜在的治疗思路。

面向国家粮食安全和农业可持续发展的重大需求，遗传发育所组织实施了国家科技支撑计划"渤海粮仓科技示范工程"和"分子模块设计育种创新体系"战略性先导专项，为推动我国区域农业可持续发展和分子育种技术跨越发展作出了重大贡献。

针对环渤海中低产田粮食增产目标，"渤海粮仓科技示范工程"成功破解了盐碱地改良世界级难题，解决了水土资源制约粮食增产核心问题，创立了基于土壤有机质提升的微咸水安全灌溉理论与技术体系，研发了基于微生物有机培肥和咸水直灌改土的盐碱地改良新技术，构建了政产学研用结合，资源高效品种、研发、推广一体化的区域农业模式，集成微咸水补灌、棉田增粮、农牧循环、县域统筹等技术模式 18 套，5 年累计增粮 210 亿斤，节本增效 155 亿元，节水 43 亿立方米。2016 年，"渤海粮仓科技示范工程"写入中央 1 号文件，2017 年入选"砥砺奋进的五年"大型成就展。

"分子模块设计育种创新体系"战略性先导专项立足引领下一代育种技术，首创了分子模块辞海和模块导航育种技术体系，突破了作物在耐寒、杂种优势、氮高效利用等重大理论和技术瓶颈，创制单模块、双模块和多模块水稻、大豆、小麦和鲤鱼设计型新品种 27 个，多项成果入选中国科学十大进展、中国生命科学十大进展和中国十大科技进展新闻，推动了我国育种技术从常规到分子设计育种技术的跨越发展。

面向国民经济主战场，遗传发育所在作物新品种培育和再生医学产品研发领域取得重大进展。

在作物新品种培育方面，形成了从遗传研究、品种培育到应用推广的完整研究体系，通过传统育种、分子育种、设计育种等技术，共培育审定（登记）水稻、小麦、大豆、玉米、高粱、油菜、棉花等农作物（经济）新品种 110 余个，累计推广辐射 1 亿亩以上，创造社会经济效益超过 120 亿元。李振声院士因在小麦远缘杂交育种研究与小偃系列品种培育方面作出的重大贡献，荣获 2006 年度国家最高科技奖。

在再生医学产品研发方面，提出了生物支架材料－干细胞－再生因子三要素构建促进再生微环境的再生医学新体系，突破支架制造、结合目标干细胞、结合目标生长因子三项关键技术，并在治疗生殖和神经系统疾病的临床研究中取得重大突破：解决了子宫内膜损伤引起不育的世界性医学难题，国际首项干细胞复合支架材料治疗子宫内膜损伤和卵巢早衰临床研究取得重大成果，首位健康婴儿于 2014 年诞生；急性脊髓损伤患者经修复后感觉和运动功能明显改善，显示了良好的临床应用前景。相关成果入选 2017 年"砥砺奋进的五年"大型成就展。

"基因组研究""黄淮海科技会战和渤海粮仓科技示范工程""干细胞与再生医学研究""远缘杂交与分子育种研究"四项重大成果，入选中国科学院改革开放四十年40项标志性重大科技成果。

截至2018年，研究所共申请专利近1500项，其中有效专利600余项，其他国家专利70余项。近十年，共转移转化科技成果82项，转化金额超过1亿元。

除了科技成果以外，遗传发育所各方面工作都取得了实质性的成效。

基地建设与对外合作：推进院地合作，加速科技与生产相结合。通过多种合作方式，从2006年开始，分别在哈尔滨、嘉兴、扬州、石河子、天津、青岛、呼和浩特等地建立了水稻、小麦、棉花、经济作物等分子育种联合中心，在海南陵水、河北赵县建立了作物繁育基地；与沈阳军区合作建设新民、老莱等育种基地，初步形成了覆盖主要产区的育种基地网络。近几年，通过与地方政府合作，建立了常州遗传资源研究中心、湖羊产业研究院、东营市分子育种中心和海南省种子创新研究院等地方法人的

'科农199''中科804'"籼稻基因组序列精细图研究""黄淮海科技会战"入选中国科学院改革开放四十年40项标志性重大科技成果

"干细胞治疗卵巢早衰""人类基因组测序""渤海粮仓科技示范工程"
"引导脊髓损伤再生智能生物材料转化"入选中国科学院改革开放
四十年40项标志性重大科技成果

研究中心，实现了科技成果向重点产业区和生态区的转化和落地。

国际交流合作：坚持开放合作，深度融入全球创新网络。与英国约翰·英纳斯中心和中国科学院植物生理生态研究所共建植物和微生物科学联合研究中心（CEPAMS），入选2017年度中英科技创新合作成果展和2018年度英国科研与创新署（UKRI）资助项目成果展，成为中英科技合作的典范；与日本奈良先端科学技术大学、美国加州大学戴维斯分校开展的学生交流活动持续12年，极大推动了研究生的国际化培养；与美国先正达和杜邦公司开展合作研究，与瑞士有机农业研究所、德国莱布尼茨植物遗传和栽培作物研究所、荷兰瓦赫宁根大学、澳大利亚阿德莱德大学、新西兰梅西大学等建立合作伙伴关系，进行前沿科学、双边学术探讨及学者互访等。

科学传播：加强软实力建设，弘扬科学精神，提升文化自信。出版的英文学术期刊《遗传学报》（*Journal of Genetics and Genomics*）的国际学术影响力不断提高，2019 年影响因子突破 4.5，成为我国打造的国际遗传学家的交流平台。主动与新闻媒体合作，制作科教视频《小菌株大作为》《搭建脊髓神经桥》《锄禾者新说》《盐碱地种出甜高粱》和《分子育种》等一批科教片，有效地提升了公众对科学技术的理解。每年积极开展"公众科学日"开放活动，接待市民与中小学生参观实验室，举办科普讲座，拉近科学与公众的距离。

人才战略：吸引优秀人才，构建具有全球竞争力的人才体系。紧紧围绕科学目标和战略任务，注重引进交叉学科、新领域、新技术人才，建设良好的科研文化氛围。2017 年入选科技部"创新人才培养示范基地"。截至 2018 年，共拥有中国科学院院士 3 人，英国皇家学会会士 2 人，"万人计划"16 人，"千人计划"13 人，中国科学院"百人计划"42 人，"国家杰出青年科学基金"获得者 30 人，"国家百千万人才工程"入选者 10 人，国家重大科研项目首席科学家 23 人，科技部创新人才推进计划重点领域创新团队 3 个。

研究生培养：重培养、抓质量、创品牌，坚持立德树人、育人为本。相继实施硕博连读轮转、学位论文匿名评阅、取消毕业发表 SCI 论文要求、学位论文格式审查、导师积分等创新举措，卓有成效地提高了研究生的培养质量。1959 年至今，遗传发育所共培养 1900 余名研究生，其中博士生 1200 余名，硕士生 600 余名，为社会输送了优质的生命科学领域科研人才和行业人才。

党建创新文化建设：积极发挥"政治引领"和"战斗堡垒"作用，不断推动全面从严治党向基层延伸，增强党的组织优势、组织功能、组织力量，增强服务科技创新能力。全力打造党建创新文化体系，注重整体的可持续发展和个体的幸福感提升，努力做到"自豪感、满足感、成就感、公平感、归属感"五感同步发展。在"服务大局"上想办法，在"服务中心”上下功夫，在“凝心聚力”上花力气，不断挖掘凝练、继承创新，真正让金子发光，让研究所每一位同志都能由勤奋的“追梦者”，成长为“承梦者”，最后成为“完梦者”。

新故相推，日生不滞。在新一轮世界科技革命同我国产业结构性调整的历史性交汇期，遗传发育所主动作为，打破学科壁垒和所际藩篱，协调集成院内院外育种领域优势研究力量，牵头建设种子创新研究院，打造成一个全链条的集设计育种理论、核心技术和品种创新为一体的国际一流研发机构。

薪火逾涯，创新不止。当创新成为驱动发展的核心动力，我们的国家需要更多站在科技高地的队伍，瞭望远方，谋划未来。

恪守初心，不负使命。已经迈入国际知名研究所行列的遗传发育所，在未来绚烂壮观的光辉岁月中，将以出重大成果、出优秀人才、出前瞻思想为战略使命，勇做新时代科技创新的排头兵，为我国农业可持续发展、人口健康持续释放创新能量！

第一部分

科技创新

Science and Technology Innovation

科学就是探索，探索使人快乐。

——爱因斯坦

碱地上绽开的生命之花

导读

　　它在今天只是一种不起眼的小杂粮，而在饥饿贫穷的年代，它是绽开在贫瘠土地上的生命之花；它在今天也许隐藏在水稻、小麦难以扎根的地方，而在食不果腹的岁月中，它却长出了"全国一片红"的盛景；它在今天也许不再被大众所熟知，但在中国现代农作物杂交育种的历史中，遗传所用它打开了新思路、带来了新可能。它，就是杂交高粱。

　　说起杂交作物，家喻户晓的是杂交水稻。然而在我国现代农业领域的研究中，最先出现的杂交作物却是如今被大家作为杂粮、调剂饮食用的高粱。

几粒种子开启的杂交之道

　　20世纪50年代，中国农业科学院原子能利用研究所徐冠仁研究员给遗传所带来几粒不起眼的种子。这些看上去一模一样的种子，遗传特性却各有千秋，它们分别为雄性不育系、保持系、恢复系。

　　最关键的是雄性不育系，它具有稳定的花粉不育遗传特性，表现为花药皱缩、花粉败育、自交不实，但雌蕊正常，当授予正常的花粉，当代能结实。

　　而保持系与雄性不育系的性状非常相似，但是能够正常散粉，使雄性不育系结子并得以繁殖。

　　另外还有恢复系，能使雄性不育系后代恢复正常开花散粉的能力。恢复系与雄性不育系杂交得到的种子，具有杂种优势，产量得到明显提高。

经过筛选后，可用于大面积生产。这一点在杂交高粱上得到了有力验证。

20世纪50年代末到60年代初，我国正处于艰难时期。正常生产秩序被破坏，农民生产积极性降低，加之一些地方的盐碱旱涝严重，导致粮食紧缺，提高粮食产量迫在眉睫。

在这样的历史背景下，拥有高粱不育系、保持系、恢复系这"三系"的遗传所高粱小组展开了大批量的高粱杂交选配和筛选等工作。他们从全国各地收集农家品种与雄性不育系杂交，经过几年的持续努力，最终筛选出了'遗杂7号'等具有较高产量的高粱杂交品种。

"'遗杂7号'等高粱品种，穗子大、产量高、抗逆性强。当时，在研究所里的试验田中，每亩最好的产量甚至高达近千斤。"原遗传所党委书记王恢鹏回忆道。

当时，粮食作物的产量普遍低下。在普通田地中，小麦每亩产量只有百斤左右，水稻只有二百至三百斤，普通高粱只有一百五十斤左右。而杂交高粱，在不增加肥料的普通田地中，其产量也能在普通高粱产量上翻一番，可达到每亩三百斤左右。

就是这几粒小小的种子，开启了杂交高粱之路。杂交高粱培育中运用到的"三系法"，更是为后来其他作物杂交开启了新思路，开辟了新路径。

在碱地绽开的"生命之花"

在老一代遗传所的研究人员中，流传着这样一句诙谐幽默的顺口溜："遗传所有老三宝，高粱土豆喂猪草"。

能被奉为"老三宝"之一，杂交高粱的优势远非一个产量高就可以完全描述的。它在贫瘠的土地上展现出的强大生命力，让人叹服。

杂交高粱推广种植的地区，以盐碱旱涝和风沙严重的地方为主。在那里，许多作物难以生长，导致当地农民的温饱成为问题。但杂交高粱在严峻的生存环境下，依然表现出良好的适应性和生产力，为当地人缓解了粮食短缺问题，群众称它为"抗旱的硬骨头""山丘的老黄牛"。

生命力强和高产的优势，使杂交高粱在1965年被列入农业部种子推广计划，此后它便以惊人的速度向全国推广。有数据显示，1965年种植杂交高粱的耕地为1700亩左右，到1966年便扩至了50万亩。到1973年，种植杂交高粱的耕地面积达到了顶峰，为4500万亩左右，约占全国高粱种植面积的50%。杂交高粱在全国除西藏、青海、云南、贵州、台湾外均有种植，创下了"全国一片红"的盛景。

1966年，遵照周恩来总理的指示，为解决华北平原旱涝盐碱问题，国家科委和中国科学院与山东省有关部门共同着手进行山东禹城14万亩的旱涝碱综合治理规划，遗传所指派杂交高粱小组参加了黄淮海平原的综合治理工作，深受当地群众的欢迎，取得了良好的效果。

原中国科学院院长郭沫若先生在了解到杂交高粱取得的丰硕成果后，曾赋词一首。词中写道："碱地之花，远超纲要，不等寻常！有人培阉种，雄须不育，天然母系，雌蕊孤芳；使之杂交，因而蕃衍，亩产能增四倍强。"杂交高粱从此便有了"碱地之花"的美称。

1968年9月30日，潘湘民有幸代表杂交高粱课题组，受邀前往人民大会堂宴会厅，参加了周恩来总理主持的中华人民共和国成立19周年国庆招待会。

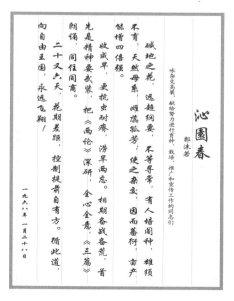

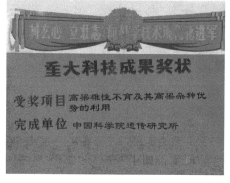

左：1968年，中国科学院院长郭沫若为杂交高粱赋词《沁园春》。右：杂交高粱研究成果获1978年中国科学院重大科技成果奖

更让人骄傲且难忘的是，1969 年建国 20 周年时，杂交高粱这项成果被选为展示项目并登上了国庆彩车，通过天安门广场接受检阅。"当时彩车通过天安门广场，我和所里的其他几位研究人员分别扮作工人、农民、知识分子，站在彩车上。"赵世民幸福地回忆道。

杂交高粱深深地印在了当时所有人的脑海中，在那个时代写下了浓墨重彩的一笔。

技术推广要走到田间地头

恩格斯说过，科学的发生和发展一开始就是由生产决定的。

为了服务国家的生产发展需求，宣传推广杂交高粱，研究人员从种到收，面对面地教授当地技术人员和农民什么是"三系"、怎样分期播种和调节花期、怎样授粉和去杂保纯、怎样收获保存等。

杂交高粱之所以能够在 1965 年国家支持推广后，迅速发展，离不开每一位前往乡村蹲点的科研人员的辛苦付出。

所谓蹲点，是指研究人员要深入到田间地头，扎根在最艰苦的环境，离家别亲，和技术员、农民在一起，白天在盐碱窝、风沙地，收工后住在农民家中，认真记录整理试验数据，选育出最适合当地气候的植株。有些人在田间劳作时还因高温而短暂性休克，在地里干着干着就倒了下去。

为了杂交高粱的普及和推广，遗传所基本上动员了所有参与相关研究的人员。他们春天育种，夏秋蹲点，大部分同志每年到现场工作 6～8 个月。到了冬天，研究人员往往也难有闲暇时光，为了缩短育种周期，加速新品种选育及良种推广速度，还要前往海南进行南繁工作，加速繁殖育种。

遗传所是中国农业科学研究领域中最早开始进行南繁的单位之一。在对杂交高粱进行南繁时，遗传所尚未在海南建立基地，条件比较艰苦。1971 年 6 月，遗传所在海南岛红旗镇建立海南实验站，大大改善了工作条件。

研究人员除了进行研究外，经常还要蹲守在田地旁，防止有人偷盗种子。除了人，鸟类也是要防的"小偷"。有时一不注意，难得培育起的种子就被啄食干净。所以那时看地要防盗、防鸟、防野兽。

杂交理论普及、启迪创新

除了下到田间地头进行指导外，遗传所还专门在各地举办学习班，由懂得杂交高粱育种的实验人员，为当地的试验站、农机站的工作人员进行全面而详细的讲解，再由他们对农民进行指导、讲解。

当地群众对此有着很高的热情，听说要开学习班，许多人都自发前来听课，还会自主撰写报告。很多省市的农垦局技术站从研究所引进种子，经过培训学习后与当地高粱品种杂交、试种，选育出适合当地的高产杂交高粱。

除了举办学习班，遗传所为了更好地进行杂交高粱的宣传推广工作，还专门编写了《怎样种杂交高粱》《杂交高粱工作经验汇编》，一版再版，大受欢迎。

配以精美图画的《杂交高粱向阳红》连环画也被广为传看。它以更贴近当时农民知识水平的生动故事，潜移默化地宣传杂交高粱的相关知识。

遗传所编著出版的《怎样种杂交高粱》（1968 年）、《杂交高粱工作经验汇编》（1969 年）、《杂交高粱向阳红》（1969 年）和《杂交高粱》（1972 年）

比如，有一则故事写到：人们以更大的干劲，到不育系繁殖田兴高采烈地猛割快收起来，李永红连忙大声说："同志们，注意啰！要先收母本不育系，后收父本保持系，还要分别运送，千万不要混杂！"这朴实的话语里蕴含着三系法育种的科学道理。

遗传所经过十多年的努力，终于在全国普及了杂种优势利用的技术和知识，不仅补全我国在此领域的空白，同时培养了大批可用的技术人才。

1978 年，"高粱雄性不育及其他高粱杂种优势的应用"获得中国科学院重大科技成果奖。杂交高粱获得此奖项，当之无愧。

杂交高粱技术解决了我国当时粮食作物产量低的现状，并缓解了高粱种植区群众的粮食短缺问题。在遗传所的试验田中，杂交高粱每亩近千斤的产量，用科学事实证明了粮食作物增产的潜力，为其他作物增产研究带来了一定的启示。更重要的是，杂交高粱研究中诞生的三系法、光敏不育、温敏不育等方法，为其他作物的杂交育种研究提供了可行的思路。

遗传所张孔湉、项文美、潘湘民、赵世民等一批科研工作者，出色地完成了杂交高粱的技术及普及相关工作。虽然现在很少有人知道杂交高粱"碱地之花"的美名，大多数人也不再需要杂交高粱解决温饱问题，但它将被永远铭记在我国杂交作物研究的历史长卷中。

神奇花粉孕育的生命世界

导读

　　小麦是世界上最主要的作物之一，对保障人类粮食安全有不可替代的作用。小麦育种已有100多年，然而，由于小麦是部分同源多倍体物种，育种周期长且选择效率低，给育种工作带来很多困难。而花药培养育种可有效地解决这两大难题。20世纪70年代，遗传所的科学家通过花药培养获得了世界上第一株小麦花粉植株，开创了小麦育种的新天地。

　　花粉是什么？花粉是显花植物花药内呈粉末状的单倍体细胞群，实质上是植物的雄性生殖细胞。神奇的是，一粒小小的花粉，在体外只要给予合适的培养条件，就可诱导分化出根、茎、叶，发育成完整的植株。花粉培养获得的是单倍体或加倍单倍体植株，无论对育种还是对遗传基础理论研究，都有非常重要的意义。

　　一般小麦杂交育种，需要八到十年时间。为什么要这么久？因为小麦是一个部分同源多倍体物种，杂种后代会不断分离，要连续选择四五代甚至更多代数才能获得稳定的品系。而采用花粉发育而来的单倍体，在当代通过人工或自然染色体加倍，能够在一到两年内就获得不再分离的纯系，纯合二倍体的后代不再分离，从而大大加速小麦育种进程，提高了选择效率，一般只要四五年时间就可育成一个新品种。

　　20世纪70年代，遗传所的科学家在条件极其简陋、既无参考资料也无技术积累的情况下，以中国人特有的智慧和勇气率先攻克了小麦花药体外培养难题，使世界上第一株小麦花粉植株诞生在中国大地上。这是在那个特殊年代中国人少有的原创性科研成果，在国际上引起了强烈反响，在国内则引发了一个花培育种的热潮，影响广泛而深远。

一次特殊的连队会议

1964 年，印度科学家 Guha 和 Maheshwari 通过离体培养毛叶曼陀罗的花药，首次获得了花粉再生植株。研究结果以简讯形式发表在当年 10 月 31 日出版的《自然》（Nature）杂志上。该研究说明，植物的生殖细胞与体细胞一样具有全能性，也能够在离体培养条件下再生完整植株。同时，也让科学家意识到该技术在农作物育种上的应用潜力和遗传学研究上的独特价值。

囿于当时的国内外社会环境和知识传播效率等原因，当时遗传所并没有人看过这篇论文。

那么，遗传所的科学家们怎么会想到要开展小麦花粉培养研究呢？

这还要从一次连队（当时遗传所实行连队编制）的科研生产计划会说起。1970 年 4 月 23 日，在遗传所第三连队召开的年度科研生产计划会上，李良材谈到年前出访日本时，看到日本科学家新关宏夫的一篇有关植物花药培养研究进展的综述文章，文中提到曼陀罗、烟草等高等植物经花药培养已成功再生植株。受此启发，李良材与曾从事过植物组织培养研究的欧阳俊闻一起在会上提出开展主要农作物花药培养研究的建议。

他们认为：这项研究属于育种新技术范畴，符合当时科研服务生产的大方向；这种方法在育种上可以缩短获得纯系的时间；在理论研究上，有助于在高等植物上进行如同微生物一样的遗传操作；这项技术还非常新，在主要农作物上尚未成功，如马上开展研究，我们与国际基本处于同一起跑线上。

这一提议在会上引起了大家的广泛兴趣，但争论也非常激烈。反对者认为技术难度很大，成功的概率很低。更有人认为，在缺乏技术资料和成功先例的现实情况下，根本没有成功的可能性。支持者认为值得一试。以负责科研业务管理的所领导和连队成员双重身份参会的胡含一直主张科研选题要瞄准国际前沿，他认为这项工作意义重大，技术上并非高不可攀，因此坚决支持。最后，连队内部一致决定开展这项研究，但同时也进行辐射诱变育种研究，并制定了阶段性目标，准备向国庆献礼。

世界上第一株小麦花粉植株诞生

项目启动后，参加该项目的 20 多人齐心协力，热情高涨地投入了实验工作。当时的科研条件非常艰苦，无菌接种间密不透风，没有空调。接种前还要用福尔马林熏蒸和酒精喷雾消毒。在这样的环境中，工作很短时间就使人头晕眼花，更何况，还要从小麦的幼穗中挑出微小的花药，工作难度可想而知。

1970 年夏，第一次花培实验并未获得再生植株，但也取得了相当大的进展，诱导出了花粉愈伤组织。研究人员总结经验教训，优化培养基配方，调整培养条件，在1971 年春季又利用温室种植的春小麦开始了第二轮实验，这次终于取得了重大突破。在一间简陋的培养室里，一群中国人凭着智慧和干劲，终于培育出世界上第一株小麦花粉植株。

胡含（左）和欧阳俊闻（右）在查看小麦花粉愈伤组织分化成幼苗的情况

此后，研究人员对植株的形态特征、染色体倍性等进行了一系列观察和研究，于 1972 年在遗传所内部刊物《遗传学通讯》上进行了首次报道。成果一经发表就引起国内科研人员的广泛关注，来学习取经者络绎不绝。中央新闻电影制片厂也闻讯前来，拍摄了《花粉育株》纪录片在全国播放，得到社会各界的广泛关注和一致好评。

1973 年，欧阳俊闻、胡含、庄家骏和曾君祉署名的《小麦花粉植株的诱导及其后代的观察》的英文论文发表在刚刚复刊的《中国科学》英文版第一期上。论文在国外引起了强烈反响，索取论文的信函纷至沓来，科学出版社破例加印的数百份抽印本很快就被索取一空。

在那个特殊的年代，小麦花粉植株培育成功，提高了我国在国际科技界的地位，世界又听到了沉寂多年的中国科学家的声音。先后有数十个国家的数百位科学家来所访问交流，我国也应邀派出以胡含为团长的中国科学家代表团分别于 1973 年和 1974 年两度出访欧洲，进行学术交流与科技合作洽商。

遗传所还应一些国家和国内科研单位的要求，多次举办国际或全国植物组织培养培训班和学术研讨会。

1978 年，中国科学院主办了"中国—澳大利亚植物细胞培养技术学术研讨会"，胡含作为组委会成员和大会主席，为这次国际学术会议的成功召开付出诸多心血。这是改革开放后中国科学院组织的首次国际学术会议，它扩大了我国科技界的国际影响力，巩固了我国在植物体细胞遗传研究和单倍体育种领域的国际领先地位。

在国内，更是兴起了植物花药培养研究的高潮，此后短短几年内就有数十种粮食作物、蔬菜及经济植物花药培养获得成功，并选育出小麦、水稻等一大批花培品种，使我国成为世界上花培成功物种最多、生产应用面积最大的国家。

1978 年 7 月，"中国—澳大利亚植物细胞培养技术学术研讨会"与会人员合影

1978 年 3 月，全国科学大会胜利召开，胡含作为中国科学院的代表和主席团成员出席了本次大会。"花粉单倍体育种"项目获得重大科技成果奖，研究组被评为先进集体。

"花粉单倍体育种"获 1978 年中国科学院重大科技成果奖

探索小小花粉的神奇世界

随着研究的不断深入，小麦花粉培养逐渐形成了两个研究方向，研究团队也随之分成了两个研究组。

一组由庄家骏牵头，主要开展花培技术研究，目标是优化培养条件，降低实验成本，建立高效的技术体系。研究人员发明了马铃薯培养基，取得了与商业化培养基相同甚至更好的效果，也大大降低了实验成本；建立了在培养初期进行热激处理的新方法，使花粉绿苗再生率提高了四到五倍；再结合激素配比、各种糖、有机添加物等物质的含量及配比优化，建立了一套简单高效、相对廉价的小麦花培技术体系。

2001 年，以欧阳俊闻为第一完成人的"通过花药培养诱导小麦雄核发育形成加倍单倍体"获中国科学院自然科学奖一等奖。

另一组由胡含牵头，主要开展小麦单倍体遗传学研究，目标是阐明小麦花粉植株的遗传规律和变异机制，为小麦单倍体育种提供理论依据。通过对大量花粉植株群体及其后代的系统分析，研究组得出结论：利用花粉培养，一是可以快速获得大量遗传上稳定的纯系，二是可以获得各种新的变异类型，三是在较小的群体中就可获得理论上能够形成的各种配子重组类型。

以上研究成果开辟了植物体细胞遗传学研究的新领域，为小麦单倍体育种提供了理论依据。1997 年，以胡含、张相岐、张文俊、景建康和郗子英为主要完成人的科研成果"小麦花粉无性系变异机制与配子类型的重组与表达规律"获国家自然科学奖二等奖。由于胡含先生在小麦花药培养和花粉植株遗传学研究领域的突出成绩，国际上将他誉为"对该领域贡献最大的五位科学家之一"。

花药培养影响深远

科学理论的价值总是要到实践中去实现。小麦花药培养在实验室成功以后，就要把成果应用到实际育种工作中去。

1972年，研究团队获得大批小麦花粉植株后，与昆明市农科所合作，开展花培品种选育，只用五年时间就培育出春小麦新品种'花培一号'，育种周期较常规育种缩短了三到五年。该品种曾在昆明地区推广，与当地主栽品种相比大幅度增产。'花培一号'是世界上第一个小麦花培品种，开辟了小麦单倍体育种的先河。

随后，胡含研究组建立了小麦远缘杂种染色体组水平和单对染色体水平的两套花培育种技术体系。利用这两套体系，在短短的几年内培育出一大批在株型、抗病等重要性状上表现优异的种质材料，包括附加系、代换系、易位系，以及一些通过有性杂交不易获得的、遗传组成更复杂的类型。这些种质材料的获得一方面发挥了花培快速获得稳定纯系的优势，大大缩短了培育周期，另一方面也验证了花培可使各种配子类型充分表达的理论。

小麦花药培养的成功带动了全国上千家单位开展花药培养育种工作。

其中，做得最成功的当属北京市农林科学院的胡道芬研究员，她的团队于1984年培育出第一个冬小麦花培品种'京花1号'，随后陆续培育出'京花3号''京花5号'等系列小麦花培品种，在北京地区作为主栽品种大面积种植了很多年。

20世纪末以来，随着分子育种底层技术——分子生物学技术和基因组学技术的飞速发展，花药培养已不再是小麦育种的热点和前沿技术。但时至今日，仍有一些单位应用该技术进行小麦育种工作。例如，河南省农业科学院小麦研究所已有2000余个花培株系在进行品比实验，并计划在未来两年内使花培株系规模达到10000个以上；石家庄市农林科学院已获得

400 余个优良小麦花培品系。除此之外，国内外都有科研单位利用花药培养技术创建 DH（加倍单倍体）群体，用于遗传学基础研究。

小麦花药培养再生植株这项由中国科学家于近半个世纪前独立完成的原创性科研成果不仅在当时轰动了世界，使我国在该领域跃居世界领先水平，其历史影响也非常深远，在当前小麦育种和遗传学研究中仍在应用，其学术水平和应用价值由此可见一斑。

胚胎移植

家畜繁殖的第二次革命

导读

20 世纪 70 年代，遗传所的科研人员在全国开创胚胎移植先河，让这一技术迅速"火"遍全国，惠及新疆、内蒙古、东北、四川、海南、上海……他们用脚改变着国家农牧业的品质，他们在大地上做手术、做研究，他们将技术毫无保留地传授到全国各地，他们的工作内容远比科研更丰富、更艰难、更富有时代特色。最重要的是，他们急人民之所急、急国家之所急的精神，正是科学研究的本源与初心。

在自然情况下，牛、马等母畜通常一年产一胎，一生繁殖后代仅仅 16 只左右；猪也不过百头。如何开发遗传特性优良的母畜繁殖潜力，较快地扩大良种畜群？

在 20 世纪 70 年代，中国奶牛产奶量仅为美国的三分之一。进口一头种牛的价格在当时而言几乎就是天文数字，外方还要求必须用美元支付。然而当时我国外汇储备贫乏，购买一头种牛显然是一个沉重的负担。运输成体种牛也是一笔昂贵的支出。但在多数情况下，我们可以购买种牛冷冻精液或者冷冻胚胎。而像澳大利亚的美利奴绵羊这样的珍贵种质资源，更是连冷冻精液都不容易买到。怎么才能最大限度地利用这些珍贵的种源？

要解决这些问题，胚胎移植技术是最佳的方式。胚胎移植是指将通过体外受精及其他方式得到的胚胎，移植到雌性动物体内，使之发育到分娩，是获得优良母畜的后代的技术。

胚胎移植被认为是继人工授精技术之后的家畜繁殖领域的第二次革

命，它极大地增加了优秀母畜的后代数，挖掘了母畜的遗传和繁殖潜力。20世纪70年代，一些西方国家将胚胎移植技术应用于奶牛养殖领域。遗传所的科研人员意识到，胚胎移植技术在我国不能缺席。

1973年，遗传所进行机构调整，成立了五个研究室。其中，二室三组是开展哺乳动物胚胎移植的研究队伍，俗称203组。

203组组长陈秀兰，副组长陈幼臣，组员谭丽玲、荣瑞章、郭朝忠和李树英，以及陆续增加的203组团队全体人员，立志在家畜胚胎移植领域进行研究，要让花重金买来的种牛、种羊发挥最大效能，让人们喝得上牛奶，用得起羊毛，让百姓的生活过得更好。

开启科技兴牧之路

1973年，203小组以兔子为实验对象初探胚胎移植技术。科研人员对提供卵子的母兔（供体）进行超排卵处理后，为代孕母兔（受体）进行同期发情处理。供体发情交配一天后，他们从供体取出多个胚胎，将胚胎移植到受体体内。令人振奋的是，兔子的胚胎移植幸运地一试成功。这意味着，我国首次家兔鲜胚移植成功！

这让研究人员信心倍增，他们行动起来，要利用胚胎移植技术最大限度地发挥优良母畜的繁殖潜力。1973年9月，陈秀兰和谭丽玲前往内蒙古，在呼和浩特畜牧局的指引下，赴伊克昭盟拉僧庙的三北种羊场（以下简称种羊场）寻求合作。

三北羊是从苏联进口的卡拉库尔羊，其羔皮是做裘帽及名贵裘衣的原料，羊羔出生三天便宰杀取皮，所以不受草场饲料不足的限制。203组科研人员排除种种限制与困难，费尽周折赶赴种羊场。

科研人员带去的胚胎移植技术让当地的技术人员非常感兴趣，他们迅速准确地理解了这项技术：就是借腹怀胎！新技术能最大限度发挥母羊繁殖潜力，这让种羊场的工作人员无比渴望。但是因为没有立体显微镜，无法找到胚胎，他们约定，第二年带齐装备，一定要让这项技术在三北种羊场开花结果！

一只卡拉库尔供体母羊通过胚胎移植技术一次获得
11只羔羊的全家福

203 组科研人员回京收拾好所需要的设备。在 11 月底，陈秀兰与荣瑞章、李树英带着设备再赴种羊场。大家迅速投入"战斗"：捆羊、消毒、手术，取胚胎及移植，顺利完成了胚胎移植的整个过程。

通过胚胎移植技术所生的小羊羔茁壮成长。1974 年 5 月，当陈秀兰和郭朝忠再赴种羊场，听到它们"咩咩"的叫声，犹如天籁。

这在三北种羊场里绽放的第一朵羊胚胎移植的生命之花，标志着我国首次绵羊鲜胚移植成功。由此，我国家畜胚胎移植研究的序幕开启。

牵好"牛鼻子"，走出技术先手棋

拓荒者的路途是很艰辛的，但 203 组全体人员个个都有一颗热爱祖国、热爱科研的心。没有实验用牛、羊的情况下，就到各地的牧场合作搞科研；硬件设备短缺，那就自制简易的实验工具；条件艰苦，大家一起克服。科研拓荒期间，203 组的同志们忙得不可开交，同心协力克服实验条件和生活上的种种困难！

比如，种牛对于牧场来说都是宝贝，给种牛动手术，如果失败一次，就很难再获得实验的机会。再有，在农牧场做试验，设备条件差是经常遇到的难题。面对这些拦路虎，没有退路、没有参考答案，一切都需要科研人员想方设法去克服。

正是面对苛刻的现实条件，让 203 组的科研人员获得了如非手术采卵、冷冻胚胎及胚胎分割等独特的技术与经验。

一次，当科研人员为奶牛场的奶牛进行取受精卵手术后，奶牛产奶量下降了。尽管这属于术后正常现象，但牧场领导却不接受，并立即叫停研究。随后在多次沟通后，奶牛场虽同意恢复研究，但坚决不同意再对奶牛进行手术。

不能手术该如何取卵？203 组的技术人员研究出利用改造后的人用导尿管，把胚胎从奶牛体内取出的方法。这一独特的方法被称为非手术采卵技术。1978 年，203 组在上海第七牧场成功获得我国首次非手术采卵移植的牛犊。

为了弥补在自然条件下供体和受体难以同步发情的时间"鸿沟"，冷冻胚胎的实践提上日程。

最早开始的绵羊胚胎体外低温保存试验，由于缺少恒温箱，研究人员尝试利用新疆深水井低温且昼夜温度变化不大的特点进行试验。1975～1976 年，他们在新疆石河子地区 150 团场，把绵羊胚胎放在 10℃的冰壶内，吊在井水上保存。结果令人欣喜，绵羊胚胎低温保存 1～5 天后进行移植，依然发育完好并诞生了 3 只小羔羊。

1980 年，他们进一步研究用液氮（-196℃）超低温长期冷冻保存胚胎，他们利用简易方法，在装有液氮的杜瓦瓶内用缓慢添加液氮降温，靠"人工死盯"，每 3 分钟降低 1℃，直到缓慢降到 -70℃才放入液氮，最终攻克了冷冻胚胎移植技术，首次在我国成功完成兔胚冷冻解冻并移植实验。

没有进口冷冻仪，他们就自行设计仪器。1982 年，他们利用经过改进的冷冻设备，于上海第七牧场获得将牛胚胎在液氮 -196℃保存 375 天后移植成功并诞生的 3 头牛犊，实属国内首创。

还有一项技术自 1986 年至 1992 年，5 次获得省市级科技进步奖项，这正是胚胎分割技术。

胚胎发育到特定阶段后可以分开，并不影响后续发育。1986 年，他们利用这项技术，在山东省农科院畜牧所将兔胚胎分割为二等分（1/2 胚）后移植，产下 1 只小兔。

随后，多项全国首次突破的技术不断诞生。例如，1987 年，在全国首次人工制造的同卵双犊，于四川成都凤凰山奶牛场诞生；同年，他们在全国首次获得小鼠 GV 期卵细胞体外成熟和受精成功；两年后，他们在全国首次四等分切割一个奶牛胚胎，获得一对同卵 1/4 胚小牛等。

203 组研究人员还成功利用资源丰富、廉价的本地品种作为胚胎移植受体，生产优质良种。例如，用本地蒙古羊生出三北羔皮羊；用山东本地兔生出优质的加利福尼亚肉兔、西德花巨肉兔和日本长毛兔；用黄牛生产奶牛。1988 年，他们在河北还把分割的奶牛半胚运送到四五十公里外，成对移植给农户的黄牛，之后获得 7 头奶牛半胚犊，有两对是同卵双胎。这不仅带来了巨大的经济效益，也提供了一条可行的利用我国丰富的黄牛资源生产出更多奶牛的途径。

1989 年 2 月，研究人员使用胚胎分割和移植技术，成功使一头黄牛产下一对同卵分割半胚奶牛

科技之力助推前行者

胚胎移植颠覆了传统家畜繁殖技术，充分发挥了优良母畜的繁殖潜力，一项项荣誉、奖项纷至沓来。

1978 年，"绵羊受精卵移植成功及兔和绵羊受精卵体外保存取得初步结果"获全国科学大会重大成果奖。随后的十几年里，"奶牛胚胎移植成功""奶牛非手术取卵和胚胎冷冻保存技术的研究""胚胎分割研究"等分别荣获中国科学院、上海市、四川省等 7 项省部级科技奖。此外，203 组参与的"家兔个体表达系统的建立"获 1990 年中国科学院自然科学一等奖。

一例例成功案例诞生后，203 组全体人员还肩负着另一项使命：向全国各地的技术人员传播、普及胚胎移植技术。

为了让大家更系统地学习技术，他们撰写了两本科普读物——《绵羊胚胎移植》和《家畜胚胎移植》，这些书籍深受牧场技术人员的喜爱。

有了书本知识，还要深入实践。哪里有需要，203 组的成员就到哪里办学习班，手把手地教大家。没有讲堂，小马扎就是座位，双膝就是课桌；没有手术台，大地就是最好的选择。他们在北京等地多次组织家畜胚胎移植学术交流会，在全国掀起了胚胎移植热潮。

时至今日，这项技术广泛地应用于优秀种质资源的保存、繁育；可以代替成体种畜的引进；用于优良家畜的育种，缩短家畜的改良周期；保护濒临灭绝的家畜和动物品种等。

更进一步地，这项技术针对人类的应用，在试管婴儿等领域成功开展。遗传发育所作为该技术在国内的发源地，其技术令相关专家、研究机构受益匪浅。

湖南医科大学教授卢光琇是中国辅助生殖技术的创始人之一，在1981年到遗传所进修，称203组的研究人员为她的启蒙老师。在203组的协助下，他们一同开展人类卵细胞的体外培养和受精的研究。尽管这项研究在当时进展并不顺利，但对卢光琇日后的试管婴儿研究起到了很大帮助。

203小组在上海第七牧场试验时，四位来自内蒙古大学生物系的教师津津有味地听课、观摩。他们后来还作为203组合作单位成员，一起到海南进行黄牛胚胎移植试验并获得成功。其中就有日后成为我国知名家畜繁殖生物学与生物技术专家、中国工程院院士旭日干。

1976～1977年，遗传所科研人员在内蒙古巴盟明星牧场（左）和
祁连山牧场（右）举办胚胎移植技术培训班

1981年5月，陈秀兰（前排右四）和谭丽玲（前排左五）等在北京
西郊农场举办牛胚胎繁殖技术培训班

　　203小组还承担了一项项科技攻关任务，包括"七五""八五"科技攻关项目及"七五"国家高技术研究发展计划（即"863"计划）中的"奶牛胚胎分割等细胞工程技术的研究"课题等。

　　任务是一个接一个，研究对象由小鼠、兔、牛、羊到人，研究场地也天南地北，只要祖国需要，他们的足迹就会踏遍神州大地。

小核背后的大意义

导读

　　卵子有多大？一颗青蛙的卵子，肉眼可见；一颗鱼的卵子直径为1毫米左右；一颗羊的卵子直径约为120微米；而一颗小鼠的卵子直径只有60微米左右。别看卵子不大，可正是由这些肉眼难以观测到的微小细胞和更加微小的细胞核，一个个生命才得以诞生。人类对于细胞、细胞核的研究，敲开了动物无性繁殖的大门，开拓了科学研究的一片新沃土。在这片沃土上，发育所人一直在辛勤地耕耘，收获了累累硕果。

　　提到细胞核移植，可能很多人会感到十分陌生，但是如果提及"克隆"一词，相信人们都不陌生。或许有很多人会想起那只轰动世界的克隆羊——多莉，它至今仍是我国生物学教材中常常引用的案例。

　　其实，克隆羊多莉就是细胞核移植的成果，是将母羊的乳腺细胞核移植到被摘除细胞核的卵细胞中发育而成的生命。虽然多莉1996年诞生于英国，但在此之前，我国的科学家们在这一领域也一直孜孜不倦地探索着，中国科学院发育生物学研究所就是这支探索大军中的一员。

叩开细胞核移植研究的大门

　　细胞核移植（nuclear transplantation），是指应用显微操作技术，将供体细胞核（含核周围少量的细胞质）移入去核的卵母细胞中，使其不经过精子穿透等有性过程即可被激活、分裂，进而发育成新个体，使得供体的基因得到完全复制。根据供体细胞核的来源不同，可分为胚细胞核移植与体细胞核移植两种。

国外对于细胞核移植技术的研究，可追溯至 19 世纪三四十年代。几乎在同一时期，中国科学家也对细胞核、细胞质的功能与关系给予了关注。他就是开创了中国"克隆"技术之先河、被誉为"中国克隆之父"的童第周先生。童第周先生也是发育所成立的倡议者之一。

1963 年，童第周与吴尚勤、叶毓芬以及后来成为发育所研究人员的严绍颐、杜淼、陆德裕等人在《科学通报》上发表了论文《鱼类细胞核的移植》。他们将金鱼和鳑鲏鱼囊胚中期的细胞分散，利用自行改造的显微操作装置，吸取细胞核，将其转移到去掉膜和挑去核的未受精卵子中，最终移植核的卵子发育成了正常的胚胎和幼鱼。

在此之前，细胞核移植的工作停留在两栖类动物阶段，这是世界范围内首次报道细胞核移植技术在鱼类中应用。

"童第周先生与我所研究人员对于鱼类细胞核移植的探索与研究，为我们后来开展鱼类细胞核移植、哺乳类动物细胞核移植的研究打下了基础。"原发育所研究人员毛钟荣说。

攀上细胞核移植研究的高峰

1978 年，童第周先生逝世，但是他倡议的中国科学院发育生物学研究所在 1980 年正式成立，对于鱼类核移植的研究被严绍颐等人带领的研究小组传承下来，并有了进一步的发展，继而迎来研究所细胞核移植研究的一个高峰。

研究团队将鲤的囊胚细胞核移入鲫去核卵细胞内，得到了核质杂种鱼，即鲤鲫移核鱼。这是世界上人工创造出的第一个新鱼种，与一般鱼类相比，生长速度快，肌肉蛋白质含量较高，脂肪含量较低，具有较高的经济效益。

1986 年 1 月，农牧渔业部委托四川省科委在成都组织并通过了"鲤鲫移核鱼研究"成果鉴定，推动这项成果在成都地区推广，取得了很好的经济效益。这项成果在农牧渔业部"六五"成果展览会上进行了展览。

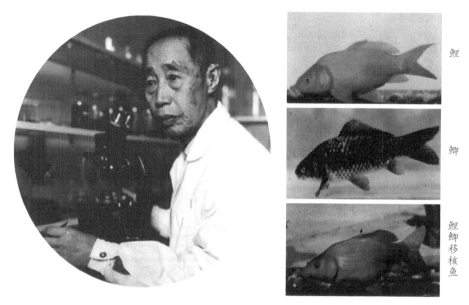

左：童第周先生开创了鱼类核移植的研究。右：研究人员把鲤囊胚细胞的细胞核注入到去掉核的鲫卵细胞中，得到鲤鲫移核鱼

除了在国内大力推广，移核鱼还一举迈出了国门，走向世界。移核鱼成果参加了在法国举行的展会。记录这一成果的《移核鱼》科教片更是于 1986 年先后获得了在西柏林举行的第十四届国际农业电影节的金穗奖、在捷克举行的第三届尼特莱国际农业电影节的一等奖，以及联合国粮农组织颁发的埃及农业神奖（唯一获奖影片）。《移核鱼》详实地记录了核移植的全过程，在世界上引起了不小的反响，也反映出当时我国在鱼类细胞核移植方面的研究走在世界前列。

进入 20 世纪 80 年代，鱼类细胞核移植方面的研究以 1987 年"鱼类细胞核移植技术及鲤鲫移核鱼"获得中国科学院科技进步二等奖为一节点，画上了圆满的句号。

踏上哺乳动物细胞核移植的征程

发育所的科研人员沿着童第周先生指引的道路，又开启了哺乳动物细胞核移植的新征程。

与两栖类、鱼类等动物相比，哺乳动物的核移植难度要大得多。哺乳动物的卵细胞较小，既不易获取，也不易操作。以如今实验室中最常见的实验动物——小鼠为例，其卵子直径只有 60 微米，而羊的卵子直径也只有 120 微米左右。科研人员在操作时不得不借助精密仪器才能进行，这也是一直到 1996 年，高等动物的体细胞克隆才获得成功的一个原因。

杜淼、陆德裕等科研人员开展研究的第一批动物是兔子，之所以选择兔子作为实验材料，这背后有着细致的考量。

首先是兔子的卵子大，直径约为 160 微米，是目前所知的哺乳动物卵子中最大的，相对比较容易操作。其次是那时研究经费有限，兔子比较便宜。小鼠也比较便宜，但做起实验来并不是很理想，小鼠的卵细胞用针一扎就很容易死亡。

经过几年的努力，1989 年，杜淼等在国内首次获得 6 只没有遗传污染的克隆兔。这是国内将细胞核移植技术应用在哺乳动物上获得成功的第一例。即便是在国际上，关于兔细胞核移植的报道也仅比该研究早一年。

科研人员在研究过程中发现，通过手术进行胚胎移植的兔子经常发生流产，这成为科研人员不得不面对的大问题。

1984 年，陆德裕（右二）和课题组成员进行家兔细胞核移植实验

迎来第一批连续细胞核移植的克隆山羊

在兔子细胞核移植成功的经验基础上，科研人员将目光转向了山羊。

之所以选择山羊为实验材料，是因为山羊是有代表性的家畜，和牛同属偶蹄目，均系反刍动物。完善其细胞核移植和连续细胞核移植的技术体系，并从基础理论上深入研究影响核移植成功的因素，对牛和其他大家畜的无性繁殖均能直接提供技术和有关理论依据。

1991 年，杜淼课题组通过胚细胞核移植的克隆山羊获得成功。"山羊胚胎克隆的研究"成为国家"863"高技术研究基金资助项目。此克隆山羊与"多莉"不同的是，"多莉"是通过体细胞核移植获得的。

理想状态下，细胞核移植可以产生遗传性状完全相同的动物，是无性繁殖动物的重要途径之一。然而，对于品质优良的动物，想要获得大量的无性繁殖后代，单次的细胞核移植是办不到的。

面对上述问题，杜淼课题组首先提出并开展了"连续细胞核移植克隆山羊"的研究。连续细胞核移植，也称继代核移植、再克隆、再复制，就是使用一个去核卵细胞进行细胞核移植后，经过一段时间发育成为多细胞的胚胎球，再把这个胚胎球分离成一个个单独的细胞，重复进行一次细胞核移植入去核卵细胞的过程。

比如用一个卵子进行细胞核移植，成功以后经过培养发育到 8 个细胞或 16 个细胞时，再把这个胚胎球分离成一个个单独的细胞，利用上述手段再重复一次细胞核移植入去核卵母细胞的过程。假设条件允许，每次移植都是百分之百成功的话，第一次移植可以得到 8 个克隆胚胎，重复一次就

1993 年，科研人员成功通过连续细胞核移植方法克隆山羊。图示受体母羊及两只山羊羔羊

是 64 个同样的克隆胚胎。理论上，这个过程是可以无限重复下去的，这对大规模克隆优良品种具有极大的好处。

从 1991 年开始，课题组与江苏农学院合作，把山羊 8 ～ 16 细胞期胚胎的分裂球和囊胚期胚胎的内细胞作为供核细胞，移入去核的卵子内，经过一系列处理获得重构胚，重复继代，最终把重构胚移入 11 只受体山羊，最终产 4 只羔羊。这是世界上首次成功获得的一批连续细胞核移植克隆山羊。

这项研究成果充分证明了哺乳动物的胚胎细胞同两栖类动物一样，都具有全能性的特点，可以用细胞核移植的方法代代相传而不改变。另外，能够同时获得大量克隆动物群体，使得大量地循环"拷贝"遗传性状一致的优良动物成为可能。

因为上述研究工作意义深远，1994 年，"山羊胚胎细胞经继代核移植后发育能力的研究"被评为全国十大科技新闻之一，1995 年获中国科学院科技进步一等奖。

小小的细胞是组成个体的基础，而更加微小的核，却决定着一个生命将何去何从。遗传发育所对于细胞核移植的研究也许会在不同阶段画上暂时的休止符，但对于小核背后的意义的探索却从未停止。过去的辉煌已成历史，未来的蓝图还等待着新一代描绘，期待科学家们能够揭开细胞核移植背后更深层次的奥秘。

倾情育种　守望麦田

导读

在我国，小麦是仅次于水稻的主要粮食作物。1996年以前，小麦产量无法满足国内需求，一直是进口的主要粮食品种，自2002年起，我国已逐步走向小麦净出口国行列。在这个过程中，从'小偃'系列到"农业科技'黄淮海战役'""渤海粮仓"，从小麦病害防治、增产提质，到提出"少投入、多产出、保护环境、持续发展"的育种新方向，遗传发育所人为提高小麦产量贡献了他们的汗水和智慧。

麦浪无边，金波荡漾，是一幅多么满载幸福和希望的图景。

而另一种黄色却曾令人心情沉重——20世纪50年代，被称作"小麦癌症"的条锈病在我国北方地区大肆流行。1950年，条锈病造成小麦减产60亿公斤，相当于当年夏季征粮总数。1956年，条锈病毁掉了小麦总产量近三成。对成立伊始、百废待兴的新中国而言，小麦减产严重影响到百姓温饱、威胁着国家粮食安全。

小麦条锈病的发生具有长期性、暴发性、流行性和变异性等特点，病菌可随气流远距离传播。其有效防控成为长期的国际难题，引起世界有关国家及国际组织的广泛关注。我国对小麦条锈病的研究和防治工作历来十分重视，周恩来总理就曾对条锈病研究与防治工作做过专门指示，要求高度重视小麦条锈病的研究，像对付人类疾病一样来抓小麦条锈病防控工作。

麦草"结缘"

1956 年，我国社会主义改造基本完成，第一种国产喷气式歼击机试制成功，第一批自主制造的汽车在长春出厂，在一片生机勃勃中，农学家却忧心忡忡——这一年，我国北方麦区经历了历史上最严重的小麦条锈病危害。

小麦条锈病传播快、危害面积大，而且发病后很难控制病情，染病植株叶片上会出现黄色条状的孢子堆，破裂后会产生锈褐色的粉状物。

那时的情形，李振声回忆起来仍历历在目：放眼望去全是染病的小麦，蓝裤子下田，黄裤子回来。小麦大规模减产，仿佛又要回到挨饿的日子。

时年 25 岁的李振声受到很大触动，决心从事小麦品种改良研究。1956 年，当时在中国科学院北京遗传选种实验馆工作的李振声响应国家支援大西北的号召，奔赴当时尚名不见经传的小镇——陕西杨凌，在中国科学院西北农业生物研究所开始小麦远缘杂交育种研究。当时他的研究方向是牧草，似乎与小麦没什么关系。但也正是因为对 800 多种牧草的深入观察和研究，他发现有些禾本科牧草从不感染条锈病。

"普通小麦已有几千年人工栽种历史，如温室里的花朵，其抗病能力已逐渐丧失。而野草没人管却不娇嫩，在自然环境中生长茂盛。"李振声脑中迸出了小麦远缘杂交的灵感，"能否将野草的抗病基因转移到小麦，选育出能够持久抗病的小麦新品种？"

经李振声"做媒"，小麦与野草从此结下了不解之缘。

攻克三大难关

为了寻找对抗小麦病害的新抗源，李振声课题组分别用 12 种牧草与小麦进行杂交，其中 3 种获得了杂交种子，以长穗偃麦草和小麦杂交的后代表现最为突出。

然而，小麦与牧草本不是同一植物，亲缘关系较远，这种杂交被称为远缘杂交。远缘杂交一般是指不同"物种"或"属"的植物（或动物）之间的杂交。远缘杂交最重要的意义在于可以打破种属间自然存在的生殖隔离，把两个物种经过长期进化积累起来的有益性状重新组合，以获得新性状、创造新物种和培育有应用价值的新品种。因此，远缘杂交在农业育种上意义重大。同时，远缘杂交在物种的起源、进化、发育、遗传、变异等生物学理论问题的研究上，也具有重要意义。因不同"物种"亲缘关系较远，所以远缘杂交有三大困难：杂交不亲和、杂种不育和后代"疯狂分离"。

李振声打了个比方："就像驴和马杂交可以产生骡子。骡子不能够产子，但可以役用；而小麦和牧草的杂交后代不结种子就没有用处了"。李振声在仔细观察杂种一代的花器构造后，发现其多数雄花都是败育的，但有的雌花还比较正常，所以就用小麦的花粉对杂种进行回交，并获得了回交后代的种子，这攻克了第二个困难。

第三关是"杂种疯狂分离"，具体说就是杂种特性很不稳定，有时你选了一个看起来性状优良的杂种单株，而下一代则分离的五花八门，面目全非了。针对这个问题，他们做了大量的细胞与染色体的观察研究，发现杂种分离一是因为两个亲本的染色体数目不同，长穗偃麦草 35 对，小麦 21 对；二是因为性质不同，在杂种中形成了大量的单价染色体，即未配对的游离染色体，它们是在杂种性细胞减数分裂时，随机分配造成的。研究证明，通过再次用小麦对杂种回交和分离，可以将它们排除，使杂种逐步趋于稳定，形成稳定的新品种。

最后，他们育成了小偃麦"八倍体"（染色体 =56，小麦 42+ 草 14），"异附加系"（染色体 =44，小麦 42+ 草 2），"异代换系"（染色体 =42，小麦 20+ 草 22）和"易位系"（染色体 =42，在小麦染色体中插入草的染色体片段）等四种性状稳定的杂种新种质，为小麦育种提供了丰富的遗传资源。

对杂种的鉴定与筛选，需要耐心细致的工作，有时还需要点儿好运。

1964 年，到了该出成果的时候。可是就在小麦成熟前夕，偏偏迎来了延绵 40 天的阴雨天气。直到 6 月 14 日却又突然暴晴，阳光能照得人眼睛疼，一天工夫，试验田里的 1000 多份杂种小麦几乎全部青干。

按捺着阴郁的心绪，李振声仍然检查了试验田，却猛然发现了一缕金黄——除了偃麦草，还有一株小麦叶片金黄，颗粒饱满。这仅存的一个小麦株系后来被命名为'小偃55-6'，它就是继承了偃麦草特有的抗病、抗强光和干热风特性的最初的"小偃麦"新种质。

要吃面，种"小偃"

新种质不等于新品种，还远未到庆祝的时刻。

其后的十余年间，经过两次杂交与选育的过程，李振声带领课题组育成了具有广谱、持久抗病性、高产、稳产、优质的小麦新品种'小偃6号'。'小偃6号'能同时抗8种不同的病害，还有着广泛的适应性，并且产量高、品质好。在两年的省区域试验中，其产量比对照品种增产28%～31.9%。其麦粒碾成的面粉白，做馒头、做面条又白又有韧劲儿，因而在黄淮流域冬麦区得到广泛种植。

不负韶华，李振声这一辈人开创了我国小麦远缘杂交品种在生产上大面积种植的先例。

农民还传唱了这样一句民谣："要吃面，种'小偃'。"

当之无愧地，'小偃6号'成为我国小麦育种的重要骨干亲本，衍生出70多个品种，累计推广3亿多亩，增产超75亿斤以上。其中一个衍生品种'高原333'还创造了当时单产最高的世界纪录。为中国和世界的粮食安全做出了重要贡献。

1985年，'小偃6号'获得国家技术发明奖一等奖。

远缘杂交对小麦遗传改良的重要性不言而喻，但难度大、耗时长，导致难以重复这项工作。为此，李振声在20世纪70年代后期开始染色体工程研究。

李振声利用远缘杂交获得的'小偃蓝粒'为材料，创建了一套染色体工程育种系统——蓝粒单体小麦（只需观察种子颜色就可知道后代的染色体数目）、自花结实的缺体小麦和小麦缺体回交育种法，从而解决了过去必须进行大量染色体鉴定的难题。

这次，仅用了3年，他就培育出新品种'代96'，又一个优良亲本，更是为小麦染色体工程育种开辟了一条新途径。

转战"渤海粮仓"

从1978年到1998年的20年间，我国小麦总产量增加694亿公斤，李振声等人直接培育的'小偃'系列品种和以'小偃'系列小麦为亲本育成的衍生品种功不可没。

其间，他们还提出了提高氮、磷吸收和利用效率的小麦育种新方向以及资源节约型农业发展观，自20世纪90年代起，培育出可高效利用土壤氮磷营养的优质新品种'小偃54''小偃81'等，并大面积推广。

正是因为在小麦远缘杂交，小麦磷、氮高效利用育种研究以及黄淮海平原中低产田改造与治理中的卓越贡献，李振声成为2006年度国家最高科学技术奖的唯一获奖者。

"国家给予这么高的荣誉、这么认可，自己身子骨还不错，该如何报答国家呢？"接过证书的那一刻，李振声在心里一直嘀咕着。

李振声开创了小麦与偃麦草远缘杂交育种新领域，获得2006年国家最高科学技术奖

2011 年，耄耋老人李振声提出了建设"渤海粮仓"的科学依据。两年后，国家重大科技支撑计划项目"渤海粮仓科技示范工程"正式启动，意在提高环渤海低平原 4000 万亩中低产田、1000 万亩盐碱荒地的粮食增产能力。

李振声则带领遗传发育所的课题组，全身心投入其中的"耐盐小麦育种与示范"研究任务。

由于'小偃'的亲本之——长穗偃麦草耐盐性强，他们从其与小麦的杂交后代中分离出一部分耐盐新品系，'小偃 60'就是其中的一个优秀品系。2012 年与 2013 年，在河北海兴县的中度盐碱地上，经专家组测产，'小偃 60'比当地品种'冀麦 32'分别增产 22% 和 22.9%。

李振声等人展开的小麦远缘杂交相关研究，以及参与建设的"农业科技'黄淮海战役'"、筹划组织的"渤海粮仓"工程，不止回答了"谁来养活中国人"的问题，更展示了战略科学家的思维高度，推动了世界粮食增产和农业科技的高速发展。李振声所秉持的以"少投入、多产出、保护环境、持续发展"为目标的育种新方向，已成为农业可持续发展研究的重要指导原则之一。

攻坚农业科技"黄淮海战役"

导读

从"六五"到"九五","黄淮海平原中低产地区综合治理"一直被列为国家"001"号重点科技攻关项目。自 1984 年开始，我国粮食产量连年徘徊，十几亿人的吃饭问题牵动着党中央、国务院领导的心。中国科学院于 1987 年联合黄淮海平原各省向中央请战，共同进行农业综合开发。经过几十年治理，盐碱地渐渐消失，代之而起的是稻菽翻滚。这场农业大生产运动被称作"农业科技'黄淮海战役'"。

黄河、淮河、海河流域，被称为"黄淮海"，辖山东、河北、河南、江苏、安徽、北京、天津五省二市。这里有 2 亿多农业人口，耕地和人口各占全国五分之一，是全国的粮棉主产区，是中国十大农业区最多的地区。

然而，因地势低洼、季节性气候影响和种种人为因素，这里连年饱尝旱、涝、盐碱、风沙灾害，80% 以上土地存在较难克服的限制因素，农业生产低而不稳。如何治理开发黄淮海大平原，一直萦绕在几代科学家的脑际，也牵动着各级领导的心。

1984 年之后，我国粮食产量连续 3 年徘徊不前，而人口却增加了5000 多万。粮食供需矛盾凸显，国家急需找到解决方案。

1988 至 1993 年，中国科学院组织 25 个研究所的 400 多名科技人员深入黄淮海五省农业主战场，打响了一场农业科技"黄淮海战役"。在 44万平方公里的大平原上，12 个不同类型的国家级试验区，成为黄淮海平原农业发展的路标，产生了巨大的经济社会和生态效益。将我国的粮食产量从 8000 亿斤提高到 9000 亿斤，在增产的 1000 亿斤粮食中黄淮海贡献了 504.8 亿斤。1993 年，"黄淮海平原中低产地区综合治理的研究与开发"获国家科技进步奖特等奖，被誉为农业领域的"两弹一星"！

其中，南皮试验区作为 12 个国家级试验区之一，承担了"南皮近滨海缺水盐渍区综合治理配套技术"项目，其中的"南皮县吴家坊七万亩盐碱涝洼地综合开发"项目，转化了科研成果，示范推广了中国科学院水、肥、药、膜一体化关键技术，带动南皮农业进入最好的发展阶段，成为 21 世纪初"渤海粮仓"工程的发源地。

"挤"进"战场"

20 世纪 70 年代的南皮县，800 多平方公里的面积中，有 60% 是盐碱地。从 20 世纪 60 年代起，就有多个科研单位的科研人员在南皮开展了改良盐渍地的研究工作。1982 年，农业现代化所在南皮开始了示范研究，1983 年承担了中国科学院黄淮海攻关的宏观研究部分内容。1986 年，南皮试验区被国家列为"七五"科技攻关"黄淮海平原中低产地区综合治理"项目十二个试验区之一，承担了"南皮近滨海缺水盐渍区综合治理配套技术"课题。1987 年 6 月 1 日，南皮试验站正式建站，代表了环渤海低平原缺水盐渍化类型。

但是在早期的中国科学院黄淮海平原中低产田改造计划中，南皮试验区并不在列。大家意识到，只有搭上"黄淮海战役"的战车，南皮试验区才能更好地发展。但是要"挤"入战车，南皮试验区面临两大难题。

第一，必须把当地的省市科研单位统领起来，才有可能在省、国家层面挤占一席之地。然而，1978 年新成立的农业现代化所没有这样的领军人才。

第二，当时黄淮海农业攻关项目的布局中，已经有了禹城试验区、陵县试验区和龙王河试验区，和南皮试验区紧挨在一起。要在相距 100 多公里的范围内再增加一个试验区，形成 4 个试验区并联，那得多难？

要解决难题，人才最为关键。中国科学院农业研究委员会邀请有声望的国家地震局地质研究所罗焕炎研究员担任南皮试验区第一主持人。新聘为副研究员的田魁祥为试验区第二主持人，负责省地县参加科技攻关人员的组织和日常管理工作。

南皮的各个科研单位团结一致，在省科委农村处的组织下集体申请，由此南皮成为了农业科技"黄淮海战役"十二个国家级试验区之一。

南皮站的旧貌（上）和新颜（下，2015年建）

"六五"经验

南皮试验区研究工作的破题是从调整农业结构开始的。1983～1985年，南皮常庄试验区建立了适应近滨海缺水盐渍区的"1152"种植结构，就是在人均耕地两亩七分地中，1亩用来种粮食，1亩种枣树，5分种苜蓿，2分种菜。按照这样的结构，老百姓有了致富的基础。

苜蓿是适宜盐碱地种植的牧草，有出色的固氮能力，能够用来培肥地力，增加土壤渗水淋盐能力。南皮当地有种植苜蓿的习惯，比如张拔贡村有生长了30年的苜蓿，其根达2米多深。

然而苜蓿产量低、效益低，老乡们只愿意零散种植。为此，南皮站设立了苜蓿"早期丰产技术"课题，通过在苜蓿返青的关键时期灌水，将苜蓿产量提高了1倍。

这一经验到"七五"期间已经推广到全县，南皮被称为"中国平原牧草第一县"，粗蛋白含量在 20% 左右的紫花苜蓿成为南皮的特色产品。

另外一件成功的事就是枣粮间作。

金丝小枣好吃，枣树也抗旱耐盐碱，这是农业种植结构调整的一条好路子。为此，试验区的另一项工作就是将枣粮间作模式化，从树冠大小到枣树生长高度、栽种行距等，都予以明确，形成了一整套栽培技术。实现了"树上千元枣，树下千斤粮"。到 1988 年，种 1 亩枣的收入超过了种植户全家其他种植收入的总和。枣粮间作更成为种植结构调整和生态景观建设的典型。

"1152"种植结构要高产，灌溉问题是关键。常庄试验区大力提倡打浅井。这里的浅层地下水并不都是咸水，使用浅井灌溉，不仅能增加水源（包括微咸水），还能把浅层地下水位降下去，增强盐分淋洗效果，盐碱地自然就被改良了。

另外，常庄试验区对地下水位埋深和水质开展了长期的监测工作，一直持续到"七五"，这项工作也为南皮试验区盐碱地治理和水资源调控提供了宝贵的重要参数。

以常庄试验区来说，"六五"时期形成的科研基础、干部基础和群众基础，为打响"黄淮海战役"奠定了扎实的基础。

七万亩的故事

"七五"期间，南皮试验区进入国家试验区后，重点抓了几件事：推广苜蓿、抓枣树丰产、解决灌溉水、研发非蛋白氮饲料，推动以枣粮间作为代表的特色农业发展。

1988 年，李振声院士着手组织"水、肥、药、膜一体化"研发，进行黄淮海联合攻关。农业现代化所接受了"南皮县吴家坊盐碱涝洼地综合开发"任务（又称"南皮七万亩开发"）。

这个"南边碱洼，北边洼碱"的"七万亩"大洼距离渤海边不足百公里，海拔只有 5 ～ 7 米，常年不收庄稼。"南皮七万亩开发"的任务就是改碱、排涝、种庄稼，为当地做出示范。

南皮七万亩盐碱涝洼地综合开发

但真正进驻"七万亩"，面对一片荒野，怎么生活？

班文奇和孙家灵同志带着两个临时工，开着小拖拉机到开发区示范中心所在地，下车后用砖和化肥排了一圈，上面架个横杆，盖上苫布，用两块木板拼成"床"，点着煤油炉子煮面条，点上蜡烛写论文。这就算安了"家"，除了砖头，所有"家当"都是自己拉来的。没水吃，几个人吃了一冬一春的池塘水，经常拉肚子，庆幸没出大问题。

示范中心如何才能起到示范样板和技术指导作用？

科研人员选了140亩地开始试验。跟开荒一样，按照设计好的模式"搞活地下水"，在地里挖大坑做蓄水池，还垫起了一片宅基地。示范中心地下8米深左右有一层比较丰富的地下微咸水，科研团队打了两眼8米深的真空井，不停地抽水浇地，让水和盐不停地上下运动，从而阻止盐在地表积累，春作物就能保住苗，同时又腾出地下库容接纳雨水，起到了压盐作用。

盐碱地不见得不肥。在140亩的试验田上，第一年的粮食产量就达到了亩产800斤，第二年光麦子一季就打了700多斤，再加上秋玉米800多斤，只两年时间，亩产就超过了1500斤。这一成绩让当地很受震动，连续召开了数次推广会。

1988 年，中国科学院周光召院长到南皮站视察工作，看到艰苦的工作生活条件，也看到科研成果转化对地方经济的拉动，两下形成了鲜明对比。听到地方政府对科技人员的赞誉，他动情地说："南皮站有 18 条好汉。"

苦确实苦。他们中的大部分人都是四五十岁已成家的人，上有老下有小。但 80% 的人每年在南皮试验区驻点多达 200 多天，甚至有些人一年要待 300 多天。对家人的亏欠也许是最让他们愧疚的。有人父亲去世不能及时赶回，有人得知孩子生病，已经是在七八天后"孩子病好了"的信息传来时。

但好汉们收拾好心绪、转身继续投入这场科技大会战，这份勇敢与坚毅正是"黄淮海精神"的真实体现。

时任南皮县政协主席刘瀛涛认为，整个"七五"期间南皮农业的发展是有史以来最好的阶段，而农业现代化所"最大的特点是会经营土地"。

黄淮海科技攻关受到国务院的关注。1988 年李鹏总理视察后，国家农业综合开发的时代拉开序幕（第一批农业综合开发项目 1989 年开始）。

与老乡打交道、与老外打交道

在黄淮海平原进行攻关的科技人员，应该是新中国最早探索成果转化的一批人，他们意识到一个成果从出现到推广，至少需要好几年甚至十几年的时间。其中第一道槛，就是如何让老百姓接受新事物、新技术。

在种植枣树时，老乡们拿着技术人员剪下来的枣树杆子，一路追到乡政府，直接告状，老乡们把技术人员定干修剪理解成了搞破坏。

在推广浅井灌溉技术时，由于经常停电、浅井出水量有限等问题，农田灌溉相当困难。为此科研人员开发了"小白龙"输水带，只需要 5 分钟水就从这头流到那头了。可是，老乡就是不要白送到家的"小白龙"：地里的压井一合闸就有水了，还来回折腾管子干嘛。随着时间推移和各番努力，等到老乡最终接受"小白龙"，差不多已经 10 年过去了（20 世纪 80 年代初研发，90 年代中期才全面推开）。

科研人员利用日本赠送的现代化大棚设施改造出"土棚"（日光温室的雏形），后边是土墙，前面是薄膜，晚上盖草笘子，可以改变当地人冬天只能吃酸菜的情况，可这样的发明老乡就是不用。这套方法 1987 年已经研究出来，直到 1989 年试验区花 9000 元请了技术员，寸步不离、手把手指导老乡，才逐渐被接受。

南皮试验区的蓬勃发展，还带来了国际合作研究。1990 年，与中国科学院有长期合作经历的田村三郎教授（东京大学名誉教授，1995 年获得了国务院颁发的友谊奖），给南皮生态试验站带来了"东亚环境变迁"的合作研究项目，一批东京大学、北海道大学、鸟取大学、冈山大学的教授相继来访交流，提供仪器和经费。

日本友人带来了新的科技思路，如作物引种混播对比筛选试验法，既省地也准确；用甜菜碱含量测定植物的抗盐能力；开展了河北平原北纬 38 度线地下水位变化和水质变化的研究等。此外，日方还邀请试验站的科研人员到日本进行考察、派遣留学生访学等，多位科研人员因此而受益。

自"六五"起步到"七五"结束，南皮试验区作为中国科学院黄淮海科技会战的重要攻关团队，相继荣获 1987 年、1991 年中国科学院科技进步奖特等奖，1990 年河北省科技进步奖一等奖，1993 年国家科技进步奖特等奖。

这场大会战取得的高水平科技成果，已经成为中国乃至世界盐碱地治理研究的宝贵财富。

渤海粮仓

盐碱地里的增收奇迹

导读

粮安天下。"粮食增产好比走路,'一条腿'是扩大播种面积,'一条腿'是提高单产,只靠'一条腿'走路是不行的。"在对我国自然禀赋、生产条件和农业发展阶段进行分析后,李振声院士提出,现阶段粮食增产必须提高中低产田的产出。2013年,科学技术部、中国科学院联合启动"渤海粮仓科技示范工程",在环渤海地区建立天下粮仓,让不毛之地变成千里良田,开启向荒地贫地要粮食的浩大工程!

1999 至 2003 年,我国粮食产量连续 5 年下滑。中央采取有力的支农措施,粮食生产实现了恢复性增长。

2004 至 2010 年,我国粮食生产连续 7 年增产,粮食总产量增加了 2300 多亿斤。但这并不能说明中国人种的粮食可以养活 13 亿人口。在中国,适合耕种的土地不到国土总面积的 13%,每年中国的蔬菜粮食进口量相当于在国外种植了 6 亿亩耕地。

在粮食逐年增产的同时,也面临难以进一步提高的"瓶颈"。由于耕地面积有限,粮食播种面积已无调控余地,我国粮食增产已经进入单产决定总产的时代。同时单产也进入缓慢增长期,所以会呈现总产随单产增减而波动的态势。

战略科学家李振声院士认为,粮食增产持续的时间越长可能离减产的拐点越近,我国粮食安全形势依然严峻,我们必须拿出对策。

南皮示范和宏伟构想

1991 年对李振声和刘小京来说，都有着特殊意义。

这一年，从事小麦遗传与远缘杂交育种研究多年的李振声当选为中国科学院院士。

中国农业大学硕士毕业生刘小京则被分配到农业现代化所南皮生态农业试验站（下称南皮站），后来成长为遗传发育所农业资源研究中心副主任、南皮站站长。

历史上，南皮降雨稀少，土壤盐渍化严重，"春天白茫茫，秋天水汪汪，十年九不收，糠菜半年粮"是当地农业生产的真实写照。因其独特的土地条件，包括中国科学院在内的众多科研院所都聚在这里开展研究。1986 年南皮站成立，主要任务是开展盐碱地治理和区域农业发展科技攻关。

2008 年 10 月上旬的一天，刘小京接到时任遗传发育所副所长张爱民的电话——李振声院士新选育了高产、抗病小麦新品种'小偃 81'，打算在南皮县的盐碱地试种。

经过协调，最终在白坊子村选定 100 亩地作为实验场地。由于播种较晚，土壤盐碱度高且整地质量较差，一开始大家并未抱有太多希望。但第二年收割时，'小偃 81'的平均亩产达到 600 多斤，高产地能达到 800 多斤，比当地种植的小麦每亩增产 100 到 200 斤。这样的成绩让大家喜出望外。

除了良好的耐盐品种，南皮站科研人员潜心多年研发的微咸水安全灌溉技术对丰产也起到了重要作用，利用小于 5 克/升的微咸水在小麦拔节期灌溉 1 水比旱作增产 20% 以上；发明的"冬季咸水结冰灌溉法"，对淡水缺乏的盐碱地的改良起到了重要作用。这种方法是科研人员从海冰融水淡化中获得的灵感，具体操作方式为：冬季抽提地下咸水浇灌结冰，春季融化时，高浓度咸水先融化入渗，微咸水和淡水后融化入渗，从而达到洗盐效果，实现盐碱地耕层脱盐。

2010 年，刘小京和南皮县副县长郑义森、南皮县农业局局长崔玉玺到李振声家中汇报南皮县中低产田增粮的设想。大家讨论了中低产盐碱地治理增粮的潜力和技术途径。大家意识到通过种植耐盐小麦，配合微咸水灌溉和土壤培肥等措施，盐碱中低产区增产潜力很大。李振声这位战略科学家的目光，逐渐聚焦到环渤海这块"增产新阵地"。环渤海中低产区主要分布于渤海西部海拔低于 20 米的低平原区，是黄淮海平原的一部分，包括粮食单产低于 400 公斤 / 亩的河北、辽宁、山东和天津，总耕地面积 4000 多万亩，此外，该地区有盐碱荒地 1000 多万亩，是重要的后备耕地资源。

正是在这次讨论中，李振声院士为在环渤海中低产区实现粮食增产的项目起了一个响亮的名字——"渤海粮仓"！

李振声院士题写的"渤海粮仓"

开辟粮食增产新阵地

2011 年 1 月 26 日，中共中央政治局常委、中央书记处书记、国家副主席习近平前往李振声家中看望。李振声向习近平汇报了发展现代农业和盐碱地治理的想法和建议，得到习近平的高度肯定。

同年 5 月，中国科学院在山东禹城组织召开"渤海粮仓与资源节约型高效农业发展高峰论坛"。李振声现场报告了建立渤海粮仓的科学依据，分析了环渤海地区粮食增产的潜力、综合环境治理后的生态效益和实施渤海粮仓的构想。不久，中国科学院农业项目办公室组织在河北安新召开渤海粮仓建设示范实施方案研讨会，初步制定了渤海粮仓建设方案。

2013 年 4 月，科学技术部、中国科学院联合在山东省东营市召开"十二五"渤海粮仓科技示范工程启动会。至此，这个事关 2.6 亿人口、110 多万平方公里土地的重大农业科技工程渤海粮仓计划正式启动！

中国科学院遗传与发育生物学研究所、中国科学院地理科学与资源研究所、中化化肥控股有限公司、河北省农林科学院、沈阳农业大学、天津农业技术推广总站等 33 家单位、500 多名科技人员参加该工程。

渤海粮仓如何实现增粮？

针对环渤海低平原中低产田和盐碱荒地淡水资源匮乏、土壤瘠薄盐碱等粮食增产瓶颈，专家们在农业"黄淮海战役"改良盐碱地和南皮试验区经验的基础上，提出通过综合实施土、肥、水、种等关键技术实现粮食增产目标。

一是盐碱地改良。在立项之初，已在环渤海周边的河北、山东和天津建有 8 个试验示范基地，这从实践中证明盐碱地改良的可行性。在禹城试验区采取的潜群井强灌强排治理重盐碱地技术，可使重盐碱地耕层含盐量当年由 1.9% 降至 0.2%，在寸草不生的光板地上实现小麦亩产 251 公斤、夏玉米亩产 300 公斤；冬季咸水结冰灌溉改良滨海重盐碱地技术，可使耕层土壤含盐量当年由 2.0% 左右降至 0.4% 以下，棉花当年亩产量达 250 公斤；还有暗管排盐技术也应用到盐碱地治理当中。

二是作物品种改良。耐盐粮食品种的选育是增产的前提。遗传发育所培育的耐盐优质小麦'小偃 81'已经在南皮示范区种植成功，具有良好的保苗能力，后期抗旱衰能力强，在含盐量 0.2% 左右的中轻度盐碱地上，平均亩产达 400 公斤，每亩增产 100 公斤。

三是微咸水安全灌溉。南皮试验区的经验证明，在拔节期用小于 4g/L 的微咸水灌溉的'小偃 81'，与淡水灌溉相比不减产，比旱作增产 12% ～ 31%。如能利用一半的微咸水资源，可节约淡水 25 亿多立方米。

四是农艺农技改良。加快棉田改粮田进程，逐步把棉花转移到盐碱地区，实施粮、棉两年三作栽培模式。南皮试验区结果表明，采取冬小麦—

河北省南皮县穆三拨核心示范区盐碱地改造效果（摄于 2014 年 5 月）。左：即将改造的二期工程，平均亩产 200 ～ 300 斤。右：已经改造的一期工程，平均亩产可达 1000 斤左右

夏玉米—棉花两年三作栽培模式，平均每年每亩可增产粮食 500 公斤，实现粮、棉双丰收。

渤海粮仓集成这些关键技术，突破增产瓶颈，在河北、山东、辽宁、天津等三省一市，以核心区、示范区和辐射区三区联动方式推动，目标是在 2011 年产量的基础上，实现 2020 年增粮 100 亿斤，建成名副其实的渤海粮仓。

科技支撑催生增产奇迹

2013 年，河北省把渤海粮仓定为战略性增粮工程，制定了《河北省渤海粮仓科技示范工程行动方案》，省财政每年支持 5000 万元专项经费用于渤海粮仓项目。山东省每年财政支持 2000 万元予以推进，天津和辽宁整合涉农资金配套实施。

随着项目的深入实施，渤海粮仓迅速进入发展快车道。2013 至 2017 年，以遗传发育所为代表的项目组在 95 个县市建立了 104 个试验基地、75 个 5000 亩以上的规模化示范区，开展技术的研发和示范工作。

在科技支撑方面，遗传发育所的科学家们做出了巨大贡献。他们创新了作物耐盐选育技术体系，选育出耐盐小麦'小偃 60'等一批耐盐抗逆新品种；首次提出基于有机质提升的微咸水安全灌溉土壤保育理论，构建

了"用好咸水、节约淡水、蓄集雨水"的多水源高效利用技术体系；创新了基于根层水盐调控理论的咸水冬季结冰灌溉和微生物有机肥改土的盐碱地改良技术体系；研发了一批区域高效肥料品种，构建了分区和分类增产增效技术模式。

随着渤海粮仓效益愈发显著，增粮引发的"化学反应"也不断显现。长期以来，守着环渤海地区的中低产田和盐碱地就意味着饿肚子，许多青壮年更愿意外出打工，只有老人们舍不得土地撂荒才一年年地耕种着。

当农户用上优质麦种，加之良种良法配套、农机农艺结合，亩产节节高，种地有了好的收入，年轻人纷纷回到家乡。

如今，渤海粮仓项目已形成院部省协同、科技引领、政府引导、专业合作社和企业为主体、农民广泛参与的示范推广模式，带动了种业、养殖业、加工业和农业服务业的发展。

2016 年，渤海粮仓项目被写入中央 1 号文件；2017 年，入选国家"砥砺奋进的 5 年大型成就展"；2018 年，入选中国科学院改革开放 40 年 40 项重大成果。

2018 年 6 月 21 日，科学技术部农村科技司、中国农村技术开发中心组织 13 位专家对"渤海粮仓科技示范工程"项目进行验收。项目实施 5 年间，累计增粮 209.5 亿斤，节本增效 186.5 亿元，节水 43.5 亿立方米，位于项目区内的南皮县和海兴县也成功脱贫。

"到 2020 年，全国 18 亿亩耕地的粮食增产总量目标为 1000 亿斤，'渤海粮仓'涵盖的 5000 万亩占耕地总面积的 1/36，但增产粮食却占总量的 1/10，这将创造中国农业史上的奇迹！"李振声说。

从 1% 到第一梯队

导读

　　到底是什么决定了人类的黑眼睛、棕头发或者花朵的千姿百态？是基因。迄今为止，包括人类在内的成千上万物种的全基因组序列已经被精确测定。作为科研"国家队"的遗传发育所，紧紧抓住历史发展机遇，加入人类基因组测序计划，使我国成为国际人类基因组计划联合体的 6 个成员国之一；率先完成水稻（籼稻）基因组序列测定；又率先完成了小麦 A 基因组测序和精细图谱绘制，取得了一系列领先世界的科研成果。

　　1953 年，英国剑桥大学的弗朗西斯·克里克（Francis Crick）和詹姆斯·沃森（James Watson）阐述了 DNA（脱氧核糖核酸）的双螺旋结构。DNA 是由含有四种碱基［A-（腺嘌呤），T-（胸腺嘧啶），C-（胞嘧啶），G-（鸟嘌呤）］的脱氧核苷酸连接而成的长链。这 4 种碱基的排列组合构成物种的基因组这本"天书"。如果能够破译这本天书，就有可能了解甚至控制生物的各种性状，从那天起，解码 DNA 序列的尝试就从未停止。

　　1977 年，英国剑桥生物化学家弗雷德里克·桑格（Frederick Sanger）等发明了末端终止测序法，标志着第一代 DNA 测序技术的诞生。同年他们测定了第一个基因组序列，全长 5375 个碱基的噬菌体 X174。自此，人类获得了窥探生命遗传密码的能力。

　　自此开始，测序技术不断快速改进和发展。一代测序技术准确率高，但其周期长、成本高。2005 年，高通量、低成本的二代测序技术开始进入市场，对动植物全基因组测序、转录组测序等起了极大的推进作用。而崛起于 2009 年的第三代单分子测序技术，更是显著地提高了准确率，极大地缩短了测序时间。

从全长 5375 个碱基的第一个基因组序列，到 160 亿个碱基的小麦基因组；从 2004 年乔布斯个人基因组测序花费 10 万美元到如今只需 1000 美元，目标甚至是费用降至 100 美元；从人类基因组计划的完成花费了 10 年，到现在测一个人的全基因组仅需要数天，基因组测序技术日新月异、飞速发展。在这个历程中，遗传发育所紧跟着时代的步伐，置身于这个发展浪潮中，解决了一系列关键问题。

人类基因组测序——改变国际研究格局的"1%"

由美、英、日、德、法、中六国科学家联合成立的国际人类基因组计划联合体（The International Human Genome Project Consortium）合作完成的人类基因组测序工作是科学史上最伟大的创举之一。美国前总统克林顿评论其为："人类有史以来最重要、最神奇的图谱，也是迈向解读人类生命语言的第一步。"

1990 年 10 月 1 日，"人类基因组计划"正式启动，其核心内容是测定人类基因组的全部 DNA 序列，从而获得人类全面认识自我最重要的生物学信息。

1998 年 4 月，中国科学院遗传所成立人类基因组中心。1999 年 6 月，研究中心向美国国立卫生研究院（NIH）牵头的国际人类基因组计划联合体递交加入申请并获得通过，标志着我国成为第六个加入该组织的国家，也是唯一的发展中国家。

人类基因组包含近 2 万个编码蛋白质的基因，由约 30 亿个碱基对组成，分布在细胞核的 23 对染色体中。中国在人类基因组计划中负责测定 3 号染色体短臂上从端粒到标记 D3S3610 间大约 30 厘摩尔的区域，由约 3 千万个核苷酸组成，因此被称为"1% 项目"。遗传所人类基因组中心承担这其中 55% 的工作任务。

尽管"1%项目"对整个项目而言微不足道，但它的实施给我国基因组学发展所带来的意义却是重大的。同时，"1%项目"也对社会公众进行了一次声势浩大的基因普及教育，为中国生命科学研究和生物产业发展开拓了无限的空间。

2001年8月26日，国际人类基因组计划中国"1%项目"的基因序列图谱提前两年高质量地绘制完成。同年8月28日，江泽民总书记接见了包括我国科学家代表在内的国际人类基因组计划联合体各国负责人，其中就有遗传所杨焕明和于军等人。次年，中国"1%项目"组被集体授予国家自然科学奖二等奖。

2003年4月14日，人类基因组计划的全部测序工作完成。这项工作为人类疾病相关的基因序列研究提供了扎实的基础，也让人们看到了通过基因检测技术抵御疾病的可能。

苹果公司创始人史蒂芬·乔布斯罹患胰腺癌，医生基于其个人全基因组，给出了相对精准的用药方案。他曾说，基因组测序让他至少多活了8年。2013年5月，奥斯卡影后安吉丽娜·朱莉通过基因检测和相应手术，将患乳腺癌的风险从87%降到5%。

2001年，人类基因组图谱草图绘制工作完成，《自然》（Nature）和
《科学》（Science）杂志相继对此进行报道和评论

人类基因组计划是人类科学史上的伟大科学工程，它对于人类认识自身，推动生命科学、医学以及制药产业等的发展，具有极其重大的意义。

30 年前，遗传发育所果断"抢"到人类基因组计划 1% 的份额，为后续精准医学的发展，为提高人们生命质量贡献了一份力量，对我国基因组学发展更是起了极大的推动作用。

水稻基因组测序——后来者居上

1997 年，当中国科学家还在为人类基因组计划做最后的冲刺时，日本科学家已经把目光瞄准了水稻，并牵头启动了"国际水稻基因组计划"。

该计划选取粳稻品种'日本晴'为研究材料。然而，中国及东南亚等主要水稻生产国都是以籼稻及以籼稻为遗传背景的杂交稻为主要栽培品种，特别是袁隆平院士培育的超级杂交水稻。

为保护超级杂交稻这一宝贵的国家资源，也为继续保持我国在杂交水稻育种领域的国际领先地位，遗传所、国家杂交水稻工程技术研究中心和华大基因研究中心（简称华大）于 2000 年 4 月 26 日联合启动了"中国超级杂交水稻基因组计划"，朱立煌研究员、袁隆平院士和汪建主任共同签署了三方合作协议。

三方科学家们在技术拓展、实验管理、协调公关等诸多方面进行了大量的优化与准备工作，仅用三个月就完成全部测序工作，同时自主开发了一系列组装、注释和数据分析软件工具，于 2001 年 10 月向全世界宣布，中国率先完成水稻（籼稻）基因组工作框架图绘制，免费公布全部序列数据。中国科学家终于以后来居上之势拔得头筹。

2002 年 4 月 5 日，国际权威杂志《科学》以 14 页的篇幅发表《水稻（籼稻）基因组的工作框架序列图》，并以青山衬托下的一片金灿灿的云南哈尼梯田作为该期的封面：青山处处绵延不绝，金灿灿的水稻层层叠叠，如诗如画。

《科学》杂志社论评价说，水稻基因组框架图的论文是该领域"最重要意义的里程碑性工作"，"永远改变了我们对植物学的研究"，对"新世纪人类的健康与生存具有全球性的影响"。

这一工作被评为 2002 年度中国十大科技进展之一。

2002 年 11 月，遗传发育所与中国科学院国家基因研究中心等单位合作完成"水稻第 4 号染色体测序"，成果发表在《自然》杂志上。

2002 年 12 月 12 日，中国科学院、科学技术部、国家发展计划委员会、国家自然科学基金委员会联合宣布"中国水稻（籼稻）基因组精细图完成"。成果于 2005 年 2 月以封面文章的形式发表在美国《公共科学图书馆·生物学》（PLoS Biology）第 3 卷第 2 期上。

通过对水稻基因组序列框架图的详尽分析，科学家们发现，水稻基因总数几乎是人类基因组基因总数的两倍。这打破了过去公众认知中存在的"生命越高级，基因数越多"的误区。科学家估算，水稻基因组中基因总数有 4 万余个，而其中 1 万余个基因的功能已基本确定，它们记录着与水稻的高产优质、美味香色以及生长期、抗病抗虫、耐旱耐涝、抗倒伏等所有性状相关的遗传信息，这给水稻的基础研究和分子育种带来了革命性的影响。

2002 年 4 月 5 日，《科学》发表《水稻（籼稻）基因组的工作框架序列图》，并以云南哈尼梯田作为该期的封面。2005 年 2 月，中国水稻（籼稻）基因组精细图以封面文章的形式发表在美国《公共科学图书馆·生物学》

小麦基因组测序——迎难而上，挑战科学研究难点

小麦是世界上适应性最广、种植面积最大的主要粮食作物，养活了世界上约 40% 的人口。小麦的持续增产和稳产，直接关系到全球的粮食安全。小麦全基因组测序与遗传密码的破译将极大地促进小麦的基础理论和应用研究，是开启小麦精准育种的前提，对实际生产尤为重要。

广泛种植的普通小麦是一个异源六倍体，由三个二倍体祖先种，经两次天然杂交进化而成，含有 A、B 和 D 三个亚基因组，基因组大（约 17Gb，是人类基因组的 5.5 倍，水稻基因组的 40 倍）而结构复杂（85% 以上的序列为重复序列），被认为是农作物中最复杂的基因组之一。这给小麦基因组测序和组装带来了极大挑战。

遗传发育所植物细胞与染色体工程国家重点实验室针对小麦基因组测序难题，组织攻关团队，在时任实验室主任凌宏清的带领下，从 2009 年开始小麦基因组测序研究。面对二倍体"一粒小麦"、四倍体"二粒小麦"和六倍体"普通小麦"等众多不同类型的小麦，如何找到突破口是进行测序研究的关键。

追本溯源，大面积栽培的普通小麦的前身是由野生的乌拉尔图小麦（含 AA 基因组）与拟斯卑尔托山羊草（含 BB 基因组）杂交形成四倍体小麦（含有 AABB 基因组）。大约在 8000 年前，四倍体小麦与粗山羊草（含 DD 基因组）再一次自然杂交，经自然和人类的选择形成如今广泛栽培的普通小麦（含 AABBDD 基因组）。

在小麦属中，所有物种都含 A 基因组。它是小麦进化的基础性基因组，在小麦进化过程中起着核心作用。而乌拉尔图小麦是小麦属 A 基因组的供体，也是普通小麦起源的三个祖先种之一。因此，研究团队决定从乌拉尔图小麦入手，围绕小麦 A 基因组展开序列图谱的破译研究。

但是，即便是二倍体的乌拉尔图小麦，其基因组（5.0Gb）也是水稻基因组的 12 倍和人类基因组的 1.6 倍之巨。利用第一代测序技术完成这样一个巨大基因组的测序和组装是一件不可思议的事。高通量、低成本的第二代测序技术的兴起和发展，为研究像小麦这样复杂基因组的结构提供了可能。

研究团队抓住机遇，与华大基因研究院合作，采用全基因组鸟枪法测序策略，构建具有插入不同 DNA 片段大小的测序文库，利用高通量二代测序技术测得可覆盖乌拉尔图小麦基因组 90 多遍的核苷酸序列。通过研究人员的通力合作和在测序、组装及分析等方面的不断探索，在国际上率先完成一个 5Gb 基因组草图的绘制。2013 年 3 月 24 日，《自然》杂志在线发表了该项研究成果。这标志着小麦 A 基因组草图的绘制正式完成，并开启了全面破译小麦基因组的序幕。通过基因组序列的比对分析，研究人员鉴定出了一批控制小麦籽粒长度、千粒重、落粒性、抗病性等重要农业性状基因，也从分子水平上解释了小麦基因组庞大的原因。

小麦 A 基因组测序研究成果与小麦 D 基因组测序一起入选"2013 年度中国科学十大进展"。

此后，研究团队与基因组分析平台梁承志合作，通过基因组的 BAC 测序和第三代测序技术，并结合最新物理图谱构建技术，经过 4 年的努力完成了乌拉尔图小麦基因组的精细图谱。通过比较基因组学分析，推演出了小麦 A 基因组 7 条染色体进化模型，鉴定出了在进化过程中小麦 A 基因组的染色体结构变异等。该成果于 2018 年 5 月发表于《自然》。

小麦 A 基因组精细图谱的完成，为研究小麦进化和驯化提供了高质量的基因组信息和全新视角。这将助力重要农艺性状基因的精细定位、克隆和功能解析，加速小麦的遗传改良和分子设计育种，对提升小麦产业竞争力、保障粮食安全和农业提质增效与可持续发展产生重要作用。

除了对人、水稻、小麦的基因组进行解析，遗传发育所还对家蚕、野生稻、盐芥、橡胶草、苦荞等多个物种的基因组进行了破译。这些工作为精准育种和保障国家粮食安全提供了"高清地图"。

一段神秘复杂的生命之旅

导读

　　每年农历七月七日，牛郎、织女在鹊桥上相会，这是中国千古流传的一个爱情故事。生物学中也有一个牛郎、织女相会的故事，就是植物的有性生殖，它是植物生活周期的重要环节，其最后的结果是形成种子和果实。植物有性生殖方面的研究不仅对人类认识自然具有深远的科学意义，而且对农业生产也具有潜在的应用价值。遗传发育所的科学家们对植物有性生殖的机制机理研究取得了一系列重大成果。

　　"咔嚓！"相机快门键一摁，色彩缤纷、形态各异的花朵常常成为人们镜头下的主角，但你不一定知道，花朵开放的目的可不是为了供人欣赏，它们是为了进行植物生殖，以便繁衍后代。

　　植物有着自己的生活轨迹。以我们常见的被子植物为例，它们的一生从受精卵开始，接着发育成种子，而后萌发，生长出根、茎和叶，成长为完整的个体。个体开花，产生雌雄配子体，雌雄配子体完成传粉和受精，形成新的受精卵。这便完成了一次生命周期，也是植物的生活史。这个过程中，根、茎、叶的生长是营养生长，而花、果实（受精卵）、种子的生长是生殖生长。

　　植物生殖是一个复杂的过程，包括无性生殖和有性生殖两种类型。"无心插柳柳成荫"指的是无性生殖，而有性生殖在自然界的高等植物中更常见。人类生活中常见的食物，包括大米、小麦、玉米等，都是植物有性生殖的产物。

植物有性生殖过程包括雌雄配子体的发育、受精、胚和胚乳的发育，本质上与动物的生殖过程相似。然而，植物有性生殖研究面临着生殖器官体积小、结构复杂、难以观察以及生殖过程受环境因素影响极大等难点，其中的机制还有待科学家的破解。

成长之路

人和几乎所有动物以及部分高等植物都是二倍体，也就是体细胞中含有两套染色体。体细胞由受精卵发育而来。在植物中，受精卵及其发育后的成体被称为孢子体；孢子体在生殖过程中产生包含雌配子或雄配子的配子体，雌雄配子融合形成受精卵。植物的生命延续就是在孢子体和配子体的交替中完成的。

配子体结构比较复杂。雄配子体就是成熟的花粉，花粉通常含有两个小的精细胞和一个大的营养细胞，后者在授粉后萌发产生花粉管，负责把不能进行自主运动的精细胞运送到雌配子体——胚囊。胚囊通常由一个卵细胞、两个助细胞、三个反足细胞和一个二倍体的中央细胞构成，其中卵细胞和中央细胞分别接受一个精子，形成二倍体的合子和三倍体的胚乳前体细胞，这种现象就是被子植物特有的双受精现象。雄配子体想要与雌配子体相遇，就如同人类社会中，年轻健壮的小伙子想要寻找自己的另一半一样。花粉就是高等植物界中的"小伙子"，而胚囊就是"姑娘"。

受精的胚囊再经过胚胎发生和胚乳发育，最终形成种子。

胚囊的发育极其复杂。根据现有研究，植物有性生殖始于体细胞向生殖细胞的转化，体细胞直接或经过一系列分裂分化形成大／小孢子母细胞。大孢子母细胞减数分裂后产生四个单倍体大孢子，其中仅有一个大孢子能继续发育成雌配子体，称为功能大孢子。功能大孢子经过三次核分裂和之后的细胞化过程形成一个八核、七细胞的胚囊，由珠被包裹着，以胚珠的形式存在于雌蕊中。

单倍体的胚囊是如何从二倍体体细胞发育而来的？研究清楚这个过程对于植物生物学家来说是一大挑战。

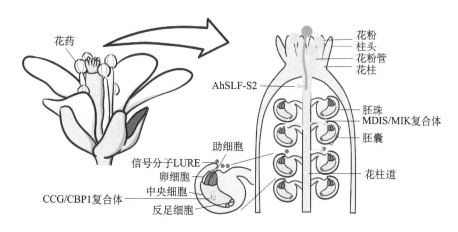

被子植物的双受精过程

杨维才博士在回国以前，首次克隆了控制性母细胞形成的基因 *SPL*，目前研究已经证实，*SPL* 基因是控制体细胞向生殖细胞分化最上游的基因之一。

随后，杨维才研究团队又克隆了 *SWAs*、*GFA1* 等一系列基因，这些基因负责胚囊发育过程中细胞的分裂以及发育的过程，若这些基因缺失，会最终导致胚囊发育失败，也就是雌性不育。这些研究成果系统地描绘了雌配子体发育过程。"这些研究对于深入了解被子植物雌配子体发育有极其深刻的启示。"杨维才说。

花粉也在悄然地不断发育着，但其发育的分子机制现在还并不完全清楚。

杨维才研究团队发现了一个特异影响花粉成熟和萌发的突变体，进而发现导致突变发生的 *DAYU* 基因，它参与调控过氧化物酶体产生茉莉酸，进而影响花粉的成熟。这一研究结果首次揭示了过氧化物酶体在花粉成熟中的重要作用。

凭借对模式生物拟南芥的配子体发生机制的出色研究，杨维才研究团队获得了 2013 年国家自然科学奖二等奖。

相亲之旅

当花粉（"小伙子"）和胚囊（"姑娘"）都发育成熟，他们紧接着就要开始相亲之旅，也就是雌雄配子体的识别和融合过程。经过花粉在柱头上的附着和水合，花粉管进行萌发和生长，直至到达胚珠，完成受精作用。

在人类社会中，法律和道德上都不允许近亲结婚。自然界中的一些植物，也排斥着近亲结合。在这些植物中，当自己的花粉附着到柱头上，会被阻止完成之后的受精过程，这就是"自交不亲和"的现象。"自交不亲和"就是植物界中禁止近亲结合的法则。

自交不亲和广泛存在于十字花科、禾本科、豆科、茄科、菊科、蔷薇科、石蒜科、罂粟科等80多个科的3000多种植物，其中以十字花科植物最为普遍。自交不亲和是植物在长期进化过程中形成的有利于异花授粉，从而保持高度杂合性的一种生殖机制。达尔文在观察到植物的自交不亲和现象时，由衷地感叹植物的聪明，称这是"最令人吃惊的生物学现象之一"。

在这个相亲之旅中，"小伙子"花粉就如同人类的公民一样，拥有自己的"身份证件"，从他到"姑娘"胚囊家的村口——花柱开始，就要不断接受"姑娘"家的各种质询。花柱中有"姑娘"的许多亲戚，不断询问"小伙子"的各种信息，如果认为"小伙子"是不合法的来访者，那么相亲就此打住；如果认为"小伙子"是合法的，再经过其他层层考验，那么他就很有可能喜获良缘。

薛勇彪研究团队以金鱼草为研究材料，首次发现决定"小伙子"花粉能够完成相亲的"身份证件"——S决定因子相关的基因 $AhSLF-S2$。研究团队把金鱼草的 $AhSLF-S2$ 基因转化进自交不亲和的茄科植物矮牵牛中，发现矮牵牛由原本的自交不亲和变成自交亲和，这说明 $AhSLF-S2$ 的确是花粉的"身份证件"，矮牵牛借用金鱼草花粉的"身份证件"，成功骗过了"七大姑八大姨"的重重审查。

这项研究成果回答了以 S-RNase 为基础的植物自交不亲和研究中近

20 年悬而未决的难题，揭示了植物的自交不亲和机理，为农业上的作物遗传育种等提供了重要的理论基础。

因为对植物自交不亲和研究的巨大贡献，薛勇彪研究团队获得了 2007 年国家自然科学奖二等奖。

找到家门

经过了"自交不亲和"这一关，"小伙子"通过花粉管终于要穿过村庄大门"花柱"，进入"姑娘"家"胚囊"所在的村子里，村子里家庭很多，"小伙子"是如何找到"姑娘"家的呢？这又是一个难题。

"姑娘"胚囊有七个细胞：一个卵细胞、两个助细胞、三个反足细胞和一个中央细胞。科研人员惊奇地发现，助细胞对于花粉管的吸引有关键作用，它分泌了一类重要的吸引信号——小肽 LURE，这是一种小的蛋白质。这类吸引信号就如同"姑娘"写给"小伙子"的"情书"，在"情书"里告诉了"小伙子"自家的地址。

除了助细胞，其他细胞是否也有同样作用？

杨维才研究团队发现，中央细胞特异表达基因 CCG 和 CBP1 的突变会导致花粉管不能正常到达胚珠的珠孔，CCG-CBP 复合体调控助细胞分泌吸引信号 LURE，这不仅说明这些基因对于花粉管的吸引有重要作用，也证明了不只是助细胞，中央细胞也参与到花粉管吸引的过程中。也就是说，花粉管生长到胚囊的过程受到了精确地调控。这项成果在世界上首次证明：在模式生物拟南芥中，中央细胞对于雄配子体的吸引有着至关重要的作用，这打破了只有助细胞才能帮助吸引花粉管的固有思想，对于以后人们研究雌雄配子体的识别有重要的指导意义。

对于"小伙子"如何阅读"情书"，也就是花粉管如何对 LURE 小肽做出反应，科研人员的研究也取得了重大进展。在生物学研究中，响应信号一定需要相应的受体，那么花粉管响应吸引信号的受体是什么？

杨维才研究团队在拟南芥中确定了四个受体激酶类基因 MDIS1、MDIS2、MIK1 和 MIK2。研究发现这四个基因的缺失会导致拟南芥花粉管无法响应吸引信号 LURE，这预示着这些受体可能就是信号的受体。

他们进一步研究发现，这一类受体能形成一个复合体，复合体能够与花粉管吸引信号相结合，其他实验也证明这类受体的确能够对于"情书"做出反应，从而参与到花粉管导向中，这是国际上首次发现花粉管吸引信号的受体。

不同物种间存在着生殖隔离，比如荠菜的花粉管无法正确进入拟南芥胚珠。研究团队将拟南芥的信号受体之一 MDIS1 转化到荠菜的花粉管中，这两个物种中就能初步完成雌雄配子体的识别，部分打破了种间的生殖隔离。这无疑是一个非常振奋人心的结果。这意味着科学家在打破生殖隔离的巨大难题上取得了重大的进步。也许在不久的将来，可能就会培育出结油菜籽的甘蓝，能在地下长土豆的西红柿。

杨维才研究团队对植物雌雄配子体识别的分子机制的研究入选 2016 年度中国生命科学领域十大进展。

当雌雄配子体完成了双受精，新的生命就开始慢慢孕育，这就是受精后的胚胎发育。那么是不是所有植物都需要经过雌雄配子体受精之后，才能结出果实呢？

令人惊喜的是，在水稻中我们就实现了无性生殖产生正常的水稻种子。中国农业科学院王克剑（遗传发育所所友）与遗传发育所程祝宽合作，利用 CRISPR/Cas9 基因编辑技术敲除了 4 个水稻生殖相关基因，使杂交稻产生了无雌雄生殖细胞融合的生殖性状，并产生了与正常杂交稻一样的克隆种子。这一技术对于杂交种子优质性状的固定有重要的作用，有望在农业生产中为国家和广大农民节约巨大的财力和物力。

对植物生殖的研究不仅仅是满足我们对于植物世界未知事物的好奇心，更重要的是，对于粮食和水果等农作物的稳产、品质的改良以及新品种的培育等等，都具有重要的指导意义。日益严峻的粮食安全问题也迫使我们不得不一步步深入研究植物尤其是粮食作物的生殖过程。

水稻分子设计育种

新一轮绿色革命

导读

民以食为天，食以稻为先。水稻是中国最重要的粮食作物。20世纪五六十年代水稻矮化育种和70年代杂交稻的应用，使水稻产量经历了两次飞跃。90年代以后，我国水稻单产增长缓慢、耕地面积减少、环境恶化及对粮食品质需求的提高等诸多因素，对我国农业发展提出了新要求。遗传发育所的科学家们从水稻功能基因组学出发，率先提出并建立分子设计育种技术体系，大大加快了育种进程，掀起了一场新的绿色革命。

天高云淡，稻浪金黄，温暖的秋阳中，江苏省沭阳县青伊湖农场迎来了水稻丰收。

几位"城里人"打扮的人在奋力收割的农民堆里特别打眼。他们是来这里对种植的'嘉优中科1号'高产示范方进行产量验收的专家。

此时，示范方里的水稻生长平衡、茎秆粗壮黄熟、穗型大、结实率高，从长相长势上彰显着高产的特征。

专家验收组随机挑选了三块田地进行测产验收。结果显示，在折合成标准含水量后，示范方平均亩产高达1052公斤，刷新了江苏省最高亩产记录。专家组认为，'嘉优中科'系列新品种对引领我国粳稻品种升级换代具有里程碑式的意义，该品种的大面积推广将凸显每亩增产200多公斤所带来的经济和社会效益。这也意味着我国科学家突破传统育种技术，走出了分子育种的新路，为保障我国粮食安全提供核心战略支撑。

图位克隆技术体系——打开"藏宝图"的机关

分子育种，顾名思义就是将分子生物学技术运用于育种中，通过基因分析找到水稻基因和性状的对应关系，按照需求的不同，将优势聚合，"设计"出不同的水稻新品种。

过去二三十年间，我国水稻功能基因组学得到快速发展，为我国新育种体系的建立奠定了技术基础。在此基础上，我国科学家率先提出并建立分子设计育种技术体系，大大加快育种进程，推进了我国良种更新换代。

基因组序列就像一张图纸，保存了如何让种子长成一株水稻的信息，但这张图纸用我们无法直接读懂的语言写成，而功能基因组学要破解这其中的秘密，让我们读懂这张图纸，最终改造这张图纸，培育出更加优良的水稻新品种。

如何破解其中的秘密呢？

20 世纪末，在绝大多数物种的基因组都未测序的情况下，科学家发明了图位克隆技术。遗传发育所李家洋团队率先在我国建立了植物基因图位克隆技术体系，在水稻中克隆了调控分蘖起始的关键基因 *MOC1*，这是我国水稻功能基因组学发展的一个里程碑。

MOC1 是第一个克隆得到的调控水稻分蘖的基因。在此之前，科学家普遍认为水稻分蘖是极其复杂的性状，由复杂的遗传网络决定。李家洋团队与合作者发现 *MOC1* 突变后，水稻就只有一个主茎，不再产生任何分蘖，证明水稻分蘖调控中存在关键基因和关键节点，这一重要发现也成为完整解析和建立水稻分蘖调控机制的理论基础。该项成果 2003 年发表在《自然》上，并入选 2003 年度中国十大科技进展新闻，荣获 2005 年国家自然科学奖二等奖。

在此之后，我国水稻功能基因研究进入高速发展期。

从高产优质到绿色农业

有了基因图位克隆体系作为支撑，研究人员将科研目标设定在如何解决水稻"高产不优质，优质不高产"的问题上，要培育出高产、优质、多抗、高效的水稻新品种。

水稻株型是决定产量的关键因素。科学家眼中的理想株型应该具有分蘖数适中、没有无效分蘖、穗粒数多、茎秆强壮、根系发达等特点。如何通过改造水稻株型来提高产量？这需要在水稻生长发育的不同时期协同调控相关性状。但每个性状都由非常复杂且了解甚少的机制调控，因此几十年来"理想株型"成了"梦想株型"。

2010 年，李家洋团队与合作者取得重大突破，成功发掘和鉴定了具有理想株型的水稻遗传材料，并利用图位克隆方法克隆了水稻理想株型形成的关键基因——*IPA1*。含有 *IPA1* 优异等位基因型的水稻材料表现出了典型的理想株型特征，将 *IPA1* 杂交导入普通水稻品种中，能够显著提高水稻的产量和抗倒伏性。

这一研究成果发表在《自然－遗传学》（*Nature Genetics*）上，并入选 2010 年度中国十大科技进展新闻和 2010 年度中国科学十大进展。由于 *IPA1* 在水稻增产、突破水稻产量瓶颈中的重要作用，也有科学家将其称为"新绿色革命"基因。

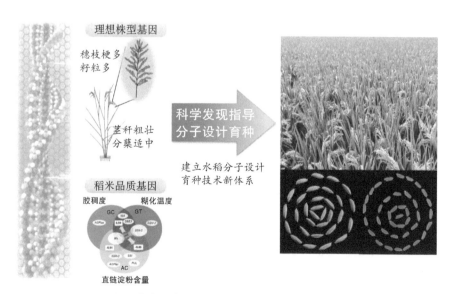

水稻高产优质性状形成的分子机理及品种设计

分蘖是决定作物株型发育和产量的重要农艺性状之一。那么，如何控制水稻分蘖多少呢？2013 年，李家洋院士与合作者解密了一种新植物激素——独角金内酯与分蘖之间的关系。

独角金内酯通过抑制侧芽的生长在株型形成中发挥关键调控作用。2013 年，李家洋团队与合作者通过对水稻矮生多分蘖 *dwarf(d)* 突变体的系统研究，鉴定了独角金内酯合成途径的关键基因 *D27* 和信号转导的关键基因 *D53*。团队研究发现 D53 是独角金内酯信号途径的关键负调控因子，能够抑制下游靶基因的表达。独角金内酯在其受体的作用下能够降解 D53 从而解除其对下游靶基因的抑制，进而激活该信号通路。该项重大突破性进展发表在《自然》并入选 2014 年度中国科学十大进展。

粮安天下。粮食安全不仅关系到国家稳定，也与百姓的日常生活息息相关。

如何让高产的品种更加优质？李家洋团队通过分析不同来源品种理化特性，系统解析了稻米蒸煮品质的主效基因，包括调控"直链淀粉含量"和"黏稠度"的基因 *Wx*，以及调控"糊化温度"的基因 *ALK*。除此之外，团队还克隆出控制水稻分蘖角度、分蘖数、耐储存性等一系列控制水

李家洋（中）团队与合作者历时逾 20 年合作完成"水稻高产优质性状形成的分子机理及品种设计"项目，荣获 2017 年度国家自然科学一等奖

稻重要农艺性状的功能基因。

基于上述在相关领域中取得的多项理论突破，2017 年，李家洋团队与合作者获得国家自然科学奖一等奖。推荐人李振声院士高度评价该项目是继"绿色革命"和杂交水稻后的第三次重大突破，标志着"新绿色革命"的起点。

在不断提升水稻产量与品质的同时，科学家也在设想未来水稻还需要在哪些重要的性状上进行改良。

在农业生产中，因为过于追求产量而导致大量施用化肥，不仅增加了农业生产成本，还导致包括气候变化、土壤酸化及水体富营养化等环境灾难。培育高氮肥利用效率的作物新品种是解决这一问题的关键。

遗传发育所傅向东团队利用图位克隆技术发现了氮肥高效利用的关键基因 GRF4，并证明 GRF4 是一个植物碳 – 氮代谢的正调控因子，可以促进氮素吸收、同化和转运途径，以及光合作用、糖类物质代谢和转运等，进而促进植物生长发育。该成果发表于《自然》并入选 2018 年度中国科学十大进展。

培育农民爱种、百姓爱吃的"中国米"

李家洋团队率先在世界上建立了完善的水稻基因图位克隆技术体系，克隆了一系列调控水稻产量、品质、抗逆、营养高效等重要农艺性状的关键基因，在此基础上率先提出并建立了高效精准的设计育种体系。

团队通过实践，成功示范了以高产优质为基础的分子设计育种，培育了一系列高产优质新品种，为解决水稻产量与品质互相制约的难题提供了策略。常规育种需要 7～8 年才能选出育种材料，分子设计育种则将时间缩短到 4～6 年甚至更短，实现了快速、定向、高效地培育作物新品种。

团队与合作者共同育成适宜长江中下游稻区种植的'嘉优中科'系列水稻新品种，具有株高适宜、分蘖适中、无效分蘖很少、茎秆粗壮、根系发达等明显的理想株型特征，且熟期早、抗逆性强，适合机械化或直播等高效、轻简的栽培方式，增产效果显著。

由于在水稻基础研究和应用方面做出开创性贡献，李家
洋获得 2018 年未来科学大奖 - 生命科学奖

'嘉优中科'系列水稻新品种连续两年在江苏沭阳万亩示范田中表现突出，2018 年经江苏省种子管理站组织专家测定，最终万亩实收平均亩产达 917 公斤。

同时，李家洋团队还针对我国东北稻区提高水稻产量、改良稻米外观和营养品质、增强稻瘟病抗性的生产需求，利用南方长粒品种和北方粳稻进行杂交与回交，育成'中科 804'和'中科发'系列水稻新品种。该品种具有高产、优质、早熟、长粒、抗病、抗倒伏、适应性广等优点。

2018 年，'中科 804'及'中科发'系列水稻新品种在黑龙江省五常市 3000 亩示范田中，在产量、抗稻瘟病、抗倒伏等农艺性状方面表现突出，现场品尝食味与外观品质优异，专家们称其真正实现了"用得上，有影响"的设想，是引领我国水稻品种升级换代过程中的又一个里程碑。这一系列成果入选 2018 年度中国十大科技进展新闻。

水稻是我国最重要的粮食作物。我国用占世界约 8% 的耕地面积养活了世界 20% 左右的人口，这对我国农业生产和发展提出了巨大的要求和挑战。分子设计育种技术体系能够大大加速育种进程，保障我国的粮食安全。敢于走前人没走过的路，努力实现关键核心技术自主可控，牢牢掌握创新主动权和发展主动权，遗传发育所的科学家将全身心地投入这轮新的绿色革命。

搭起患者康复的希望之桥

导读

几千年来，再生和长生一直是人类的梦想。可事实上，人体经过漫长岁月的进化，各种组织器官的再生能力已经非常弱，甚至已丧失了再生的能力。随着干细胞、组织工程等研究的不断深入，"再生医学"这门新兴学科开始引领一场影响深远的医学革命。遗传发育所戴建武率领团队深入钻研 18 年，研发出一系列具有自主知识产权的再生产品。产品在脊髓、子宫内膜等组织损伤的临床研究中展示了优异的再生修复效果。

美国生物学家、诺贝尔奖得主吉尔伯特曾预言："用不了 50 年，人类将培育出所有人体器官。"

在医学科技高速发展的今天，这种美好遐想正逐步照进现实，这一切都源于一项可以改变人类命运和未来的学科——再生医学。

再生医学是一个前沿交叉学科，融合了生命科学、材料科学、临床医学、计算机科学和工程学等学科的原理和方法，研究和开发用于替代、修复、重建或再生人体各种组织器官的理论和技术。

2001 年，刚刚通过"百人计划"回国的戴建武研究员根据时任中国科学院副院长陈竺的建议，决定将实验室的研究重心放在再生医学的转化研究上。

理论探索——功能胶原支架材料的诞生

再生医学领域中公认最难的疾病是脊髓损伤。脊髓损伤后神经再生与功能恢复至今依然是世界医学难题之一。据估算，我国每年有 10 万～ 14 万脊髓损伤新增病例，现有脊髓损伤患者超过 200 万人。家庭中一名成员患病，不仅给本人带来终生痛苦，也造成家庭的悲剧和社会的负担。

为了登上这个医学界的"珠穆朗玛峰"，戴建武团队将脊髓损伤再生修复定为主攻方向。

脊髓损伤再生之所以困难，是因为脊髓损伤后，会特异地在损伤部位形成一个不利于神经再生的微环境，这种微环境会抑制神经再生，抑制干细胞向神经元分化，促使伤口向瘢痕化发展。一旦形成瘢痕，组织就是"铁板一块"，失去了再生的机会。因此，脊髓损伤再生修复要解决的关键问题就是构建一个适合组织再生的微环境。

戴建武团队经过多年探索，提出了利用干细胞、再生因子、生物支架等功能生物材料构建组织再生微环境的设想。

首先，在传统干细胞治疗中，细胞难以定植，所以干细胞治疗很难有针对性地修复特定组织或器官的损伤。团队选择了经过特殊专利技术处理的有序排列胶原纤维束，可以有效地结合干细胞，使其定植在损伤部位。

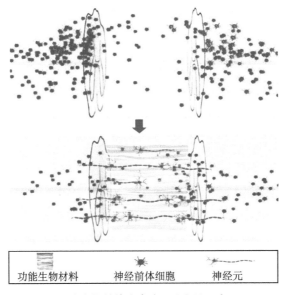

功能生物材料重建神经再生微环境

胶原纤维束间质内充满着间充质干细胞，这种干细胞具有较强的分化能力，并且能分泌大量的神经营养因子，能够有效地促进脊髓损伤修复。

其次，团队在制备信号分子时加上一段胶原结合位点的"尾巴"，这些分子与胶原支架材料相结合，既可以促进内源或移植的干细胞的生存和定向分化为神经元，又可以诱导干细胞向损伤部位迁移，使得神经胶原支架材料具有了双重功能性。这一技术突破了构建再生微环境的技术瓶颈。

最后，戴建武团队研发出具有自主知识产权的功能胶原支架材料。根据不同组织再生的需要，支架材料可以特异结合不同的自体细胞或自体干细胞，以及特异的再生因子，重现组织器官再生发育的微环境，从而引导损伤的组织器官再生。

技术转化——给脊髓损伤治疗带来希望

任何一项技术的创新都非常难，它的转化过程同样艰难。

在脊髓损伤修复的研究中，团队最初的研究方向是通过再生因子让完全横断的长运动神经（轴突）再生跨越损伤区（轴突）生长。但是通过大鼠、犬等大量的动物模型实验发现，神经长到 1 毫米（或者不到 1 毫米）后就不会再生长了。研究陷入了死胡同。

很快他们有了另一个发现，损伤后动员的内源神经干细胞会分化成新的神经细胞，新的神经细胞能够与两个断端连在一起，完成"搭桥"，从而恢复神经的功能。

这一发现改变了团队近 10 年的产品研发方向。新的研发方向确立为：让更多的新神经元在损伤部位形成。形成的神经元越多，两头的桥接越多，传导就越好。

在脊髓损伤修复产品的设计过程中，一定要先经过大量的动物实验。在完成了上千只大鼠实验的基础上，团队设计完善了犬的全横段脊髓损伤模型来检验理论。

他们将比格犬的脊髓切掉 5 毫米到 4 厘米，完全破坏神经传导，之后的几个月它的后腿都没法动弹，但振奋人心的是，在利用神经再生支架材料重建微环境后，4 个月后它就可以站起来甚至能够行走，这是研究人员第一次切实感到脊髓损伤是可以修复的。

这一结论随后在猴的完全脊髓损伤模型中也得到了证明。

团队大约用了 4 年时间，以这种大动物模型来反复验证结论的可靠性和材料的安全性。

之后，研究进入临床阶段，它首先要解决的是人的理念问题。

过去，大家公认脊髓损伤后不能再生，只能一辈子坐轮椅。教科书上的规范是：脊髓的硬膜之内不能碰。所以，很多医生不愿意和戴建武团队开展临床合作。

在多次努力后，2015 年 1 月，团队与天津武警后勤医院脑科医院脊柱脊髓科主任汤锋武教授完成了第一例"神经再生胶原支架"手术。目前，已经有 70 余例陈旧性完全性脊髓损伤患者入组脊髓损伤修复临床研究，其中约 40% 的病人神经感觉症状有所恢复。

但是，这些陈旧性脊髓损伤病人因为肌肉和外周神经长期萎缩，运动功能恢复十分有限。

2015 年 4 月，团队对急性完全性脊髓损伤病人进行了治疗。经过一年康复，这位患者能够借助护具行走，神经电生理仪器检测表明，患者原本断裂的神经已经连接起来。目前有 20 余例急性完全性脊髓损伤患者入组临床研究，有几例在 6 个月后有明显的功能恢复，显示出了该技术良好的临床应用前景。

2018 年，脊髓损伤修复技术完成了向企业的转移转化，相关产品将很快推向市场。

横向扩展多个领域

除了脊髓损伤外，中心研制的功能胶原支架材料在其他组织器官的再生医学临床研究中也取得了很好的成果。

子宫内膜严重瘢痕化是不孕的重要原因之一。子宫内膜瘢痕化病人的受孕率只有 1%。团队与南京鼓楼医院团队合作，利用功能胶原支架材料，

2014 年 12 月，戴建武（右一）被评为"中央电视台 2014 年度十大科技创新人物"并参加颁奖典礼

复合来自孕者自体的骨髓干细胞或异体脐带间充质干细胞，对子宫内膜进行修复，引导子宫内膜再生。从 2014 年至今，共诞生了 30 多个"再生医学宝宝"。

还有一个导致不孕的疾病——卵巢早衰。女性在 38 岁以前卵巢停止发育、卵巢萎缩性持续闭经都是卵巢早衰，被认为是导致不孕的"不治之症"。团队成功开展了世界首项脐带间充质干细胞复合胶原支架材料修复卵巢的临床研究，这也是我国开展干细胞临床研究备案制度以后首批通过审核备案的临床研究项目之一。2018 年 1 月 18 日，该项目迎来了首个成功案例——一名卵巢早衰病人顺利分娩出健康的婴儿。

功能胶原生物材料还可以应用在声带修复上。歌唱演员、播音员等声带可能受到损伤。一些疾病，比如去除咽部肿瘤时往往会伤到声带，影响发声。团队与北京协和医院合作，完成了 10 例支架材料结合自体脂肪前体细胞修复声带的临床研究，显著地改善声带损伤病人的发音。

心肌梗死是常见的心肌损伤，我国每年新发心肌梗死病人至少 250 万人，每年死于心肌梗死及其并发症的人数已超过 100 多万。2016 年 3 月，戴建武主持的首例"可注射胶原支架"结合干细胞治疗心衰的临床手术在南京鼓楼医院顺利完成。手术 3 个月后，患者原本肥大的心脏已经明显缩小，心脏功能有显著提升。目前已入组 60 余例病人。这是国际上第一个支架材料结合干细胞的临床研究，为治疗心肌梗死提供了新思路。

十年磨一剑，功能胶原支架材料——这一世界领先的再生医学关键技术在引领再生医学发展的同时，为千千万万患者打开了希望之门。

2018 年，戴建武团队的组织器官再生研究工作被评为中国科学院改革开放 40 周年 40 项标志性科技成果之一，被收录在《改革开放先锋 创新发展引擎——中国科学院改革开放四十周年》一书中。戴建武本人被评为"中央电视台 2014 年度十大科技创新人物"。

中心所有科研人员希望，在不久的将来，可以再生所有人体组织，让失明患者重见光明，让截瘫病人健步如飞，让声带受损的歌唱家重新唱出美妙歌声，让组织器官再生真正为患者解除病痛、带来美好生活的希望。

精准设计育种的加速器

导读

　　在距今约 10000 年前的新石器时代，人类开始从单纯的采集植物转变为有意识地栽培植物，引发了改变人类生活方式的农业革命。此后的数千年内，人类先后驯化了包括小麦、稻米、玉米、马铃薯、小米、大麦在内的多种植物，使之成为人类最重要的粮食作物或经济作物。伴随基因组测序技术的出现和发展，完成全基因组测序的植物越来越多，这为植物基因组精准改造提供了基础。基因组编辑让历代育种家梦想的"精准育种"成为可能。

　　人类为了生存，不断筛选具有优良性状的作物，例如籽粒饱满的小麦、豆荚不会爆裂的豌豆等，而这个过程，本质上就是对优良基因进行人为选择。随着生命科学及技术的发展，人类开始直接对植物基因进行改良，将这种人为选择变为人为创造，从而直接获得优良的农艺性状。

　　植物基因改良先后发展了杂交技术、诱变技术和转基因技术等，但这些技术对基因改变的精确性及改良效率，都无法完全满足人类不断增长的需求。

　　20 世纪末，基因组编辑技术的诞生，成为植物基因组功能研究和作物精准分子设计育种的里程碑。通过对 DNA 序列进行定点改造，基因组编辑技术实现了对植物农艺性状的精准改变，其达到的精度前所未有。

　　如果基因组编辑技术能在未来掀起一场新的农业革命，那么高彩霞团队必然是革命力量的第一方阵。2009 年，高彩霞加入遗传发育所，将研究重心放在了植物基因组编辑技术的研发和应用上。转瞬十年，高彩霞率领团队取得了一系列重要成果。

寻找植物改良的"手术刀"

地球上的生物一直在不断地变异，但变异没有特定方向，可能对生物的生存和繁殖有利，也可能不利。然而，人类的需求决定了我们需要对人类有利的变异。随着社会进步和生活的不断改善，人类对动植物品种和品质提出了更多、更新和更高的要求。

基因组编辑技术出现之前，科学家曾利用重组 DNA 技术（包括动植物的转基因技术）和基因的定向诱变等对作物进行改造，但这些方法有很大局限，存在着拷贝数无法确定、外源基因无法按照人类的意愿定点、定向地插入染色体的相应位置等问题。这种背景下，基因组编辑技术应运而生。

基因组编辑技术指能够让人类对目标基因进行"编辑"，实现对特定 DNA 片段进行精准敲除、替换或插入等的一项技术。ZFN（锌指核酸酶）、TALEN（转录激活因子效应物核酸酶）和 CRISPR/Cas9 系统的相继出现给基因组编辑开辟了新途径。

21 世纪初，科学家巧妙地将锌指蛋白的 DNA 结合蛋白和一个被称为 FokI 的 DNA 切割蛋白进行融合，这个融合蛋白能特异地识别并切割真核生物细胞的特定 DNA 位点，使 DNA 双链断裂，诱发细胞自身的 DNA 损伤修复，最终实现对基因的定点删除、替换和插入等改造。这个技术被称为锌指核酸酶技术（ZFN），也被认为是第一代基因组编辑技术。

ZFN 技术在生命科学领域产生了重要的影响，特别在动物研究和基因治疗领域得到了相当广泛的应用。2009 年，ZFN 技术专利的持有者 Sangamo 公司首次利用该技术获得了抗除草剂性状的玉米。

2010 年，一种叫 TALEN 的新基因组编辑技术出现了，它被称之为第二代基因组编辑技术。TALEN 技术与 ZFN 技术原理相似，但设计更简单，特异性更高。

两年后，当 TALEN 技术还如日中天之时，《科学》杂志报道了一种细菌免疫系统 CRSIPR，可以在体外实现对 DNA 切割。科学家利用此发现建立了 CRISPR/Cas9 基因组编辑技术，能在活细胞中有效、便捷地编辑基因。

2013 年初，高彩霞研究团队立即建立了 CRISPR/Cas9 介导的植物基因组编辑技术体系，在水稻和小麦的原生质体细胞里实现了 CRISPR 介导的基因组编辑，获得了世界上第一株 CRISPR/Cas9 编辑的植物。《科学》杂志将该研究列为 CRISPR 技术发展历程中的重要事件之一。此后，CRISPR 技术被快速和广泛地应用于包括玉米、番茄、马铃薯在内的多种植物基因的定向改造。

成功的背后是不懈的坚持。高彩霞团队从第一代基因组编辑技术 ZFN 开始就坚持在这领域里探索。创建初期，他们就利用 ZFN 技术相继对小麦、水稻、大豆、短柄草等植物基因组进行改造。但遗憾的是，研究团队一直受困于 ZFN 的低效及复杂的流程。

凭借在 ZFN 技术上的经验，研究团队对 TALEN 技术进行优化，仅用了 4 个月，成功地在水稻和小麦的原生质体细胞和植物叶片细胞中检测到 TALEN 介导的内源基因编辑。

2014 年，高彩霞与中国科学院微生物研究所研究员邱金龙合作，利用 TALEN 和 CRISPR/Cas9 技术，在六倍体面包小麦中成功实现了同时编辑 3 个同源等位基因 *MLO*，分别揭示了每个基因的功能以及基因间的互作功能，创制出广谱抗小麦白粉病的新方法，引领了小麦等复杂农作物基因组科学研究新趋势。这也是世界上首次在小麦中实现基因组编辑并获得重要农艺性状的研究。这一突破性成果发表在《自然－生物技术》杂志上，得到《自然－生物技术》和《自然》杂志的积极评价。2016 年，该研究的论文被《自然－生物技术》评为创刊 20 周年最具有影响力的 20 篇论文之一，是植物领域唯一入选的研究性论文。

从 ZFN 到 TALEN，再到 CRISPR 技术，基因组编辑技术不断地革新着、进步着。CRISPR 技术的出现将生命科学研究推到一个革命性的制高点，让科研人员可以搭乘"高速列车"去探索基因世界的奥秘。高彩霞也因为在植物基因组编辑领域的国际引领性工作，2016 年被《自然》杂志评为"中国十大科学之星"。

2016 年，高彩霞研究员被《自然》杂志评为"中国十大科学之星"

从"手术刀"到"百宝箱"

基因组编辑技术被称为"上帝的手术刀"，因为它们可以在基因组中做到"指哪打哪"。

然而，想要在农作物育种中得到广泛应用，基因组编辑技术还需要解决精准性、高效性、特异性等重要科学问题。面对这些问题，"手术刀"有些力不从心，需要开发更为精准的技术。

高彩霞团队开始关注在单个碱基水平上对基因组进行精准的修改。从 2017 年起，他们将 DNA 脱氨酶和 Cas9 蛋白融合，成功地在重要农作物（小麦、水稻、玉米、马铃薯等）中首次建立了多种高效、精准的植物定点碱基替换技术，这些技术被称为"单碱基编辑技术"。该技术可以对特定位置的特定碱基进行精准的改变，其结果更准确和可控。《自然 – 生物技术》杂志评述"单碱基编辑为培育植物优良新品种带来了令人振奋的前景"。通过此技术，高彩霞团队对多种农作物进行了单碱基水平上的精准修改，获得了一系列传统方法难以培育出的抗除草剂水稻和小麦新种质资源。

2019 年 6 月，研究人员在水稻实验田种植经过基因编辑的水稻

研究团队还开发了新型植物基因调控技术，利用 CRISPR 系统对植物基因上游的开放阅读框（uORF）进行编辑，可有效调控内源基因的表达，打破了传统上通过转基因操纵蛋白表达水平的束缚。美国科学院院士、基因组编辑权威科学家 Dan Voytas 专文评述"编辑 uORF 在基础研究和应用研究中都将发挥重要作用"。

开发新技术的目的是将其应用到解决实际问题中。在农作物驯化过程中，人们通过选择优良的性状，将高产和优质相关基因选择和保留下来。但由于进化的不定向性，驯化过程往往伴随着遗传多样性丢失和抗逆性降低，如果用基因组编辑技术将未驯化作物的已知驯化位点进行定向改变，是否就可以在不丢失作物遗传多样性的同时，极大加速驯化过程呢？

2018 年，研究团队与许操课题组合作，在《自然－生物技术》杂志上报道了利用基因组编辑技术首次实现了野生番茄的快速驯化，使产量低、品质差但抗逆表现较好的野生番茄，在保持耐盐碱和抗病性的同时完成了品质、产量的提升，为作物新品种培育提供了全新策略。

除此之外，研究团队围绕基因组编辑，不断开发更多新技术，为基因组编辑注入更多的可能性。例如植物抗 DNA 病毒技术、操纵 mRNA 剪接技术、单碱基编辑共筛选技术等，这些新技术的开发，展示了基因组编辑更广阔的可能性。

高彩霞认为，基因组编辑在作物育种方面几乎"无所不能"。研究团队通过对 CRISPR 系统新功能的挖掘和改造，把 CRISPR 从一把"手术刀"，打造成一个功能丰富的"百宝箱"。目前，研究团队通过研发和创新，不断地向"百宝箱"注入更多的可能。高彩霞表示："我们期望每个分子育种家都能根据自己的需求，在我们的'百宝箱'里找到需要的选项。"

让基因组编辑技术更安全

事物往往具有两面性，基因组编辑技术也并非完美无缺。这一技术存在两个比较棘手的问题，其中之一是外源基因的整合。由于植物基因组编辑是将基因组编辑元件整合到植物基因组中并稳定表达，这就涉及外源基因的整合。因此，开发出无外源 DNA 参与的、更加安全可靠的基因组编辑技术，成为高彩霞研究团队攻关的方向之一。

2017 年，研究团队在这一领域获得重要突破，开发了向小麦瞬时递送 CRISPR 的 mRNA 或核糖核蛋白复合体技术。这种递送 mRNA 或蛋白的方法没有外源 DNA 参与，整个基因组编辑过程和获得突变体是完全"DNA-Free"的，很大程度上提高了植物基因组编辑的生物安全性，推进了基因组编辑育种迈向实际应用的步伐，《基因组 – 生物学》（Genome Biology）杂志给予了积极评价，该方法也被视为新一代更安全的育种技术。

另一个比较大的问题，来自于"脱靶"效应。所谓"脱靶"就是基因组编辑过程中，除了目的基因发生改变以外，在另一处的"非目的基因"也发生了改变。这个"非目的基因"可能是一段没有功能的序列，也可能是一个基因或者一段有功能的序列。所以，"脱靶"可能会带来人们不可预测的性状改变。不论是从事作物育种还是基因治疗的研究者们都不能忽视"脱靶"现象。

2019 年 2 月，高彩霞研究团队首次在个体水平上发现单碱基编辑系统存在脱靶效应。研究成果发表在《科学》杂志上。该研究揭示单碱基编辑技术可在全基因组范围内造成难以预测的"脱靶"突变，并发现胞嘧啶脱氨酶很有可能是导致全基因组水平"脱靶"突变的主要原因，这为单碱基编辑系统特异性的改进提供了理论指导。这个结论也提示新技术能否真正应用到解决实际问题中，是需要时间的考验和更多改进的。这一研究成果使得基因组编辑技术的特异性问题再次成为业界关注的焦点。

向同行和公众提示基因组编辑技术会有"脱靶"发生，体现了团队对待科学的严谨性和社会责任感。在高彩霞看来，科研不应忽视新技术带来的挑战，若想发挥基因组编辑技术在植物育种或疾病治疗中的作用，科学家有责任解决技术应用带来的新问题。

目前，高彩霞研究团队正优化和开发新的技术，来解决单碱基编辑技术在 DNA 水平和转录水平的脱靶效应，使基因组编辑技术更安全地造福人类。

我们的远祖——原始人类因为具备对自然规律的认识与利用的能力而区别于其他动物，成为高等智慧的生物。人类的这种能力最终导致了以农、牧业产生作为标志的人类文明诞生。如今，以基因组编辑技术为基础的研究，已经掀起了人类对生命科学认知的新一轮浪潮。基因组编辑技术不仅在医学上有很大的用途，在农业应用中也能大显身手，高彩霞希望能继续拓宽基因组编辑技术的可能性，开发新的编辑工具，让基因组编辑技术能快速进入实际应用中，为我们农业发展的未来勾勒出更美好的蓝图。

第二部分

协同创新

Synergy Innovation

我们在享受着他人的发明给我们带来的巨大益处，我们也必须乐于用自己的发明去为他人服务。

——富兰克林

走出探秘基因世界的第一步

导读

　　20 年前，中国成功争取到 1% 的人类基因组测序任务，成为继美、英、法、德、日之后的第 6 个参与国，迈出了参与全球科技合作的关键一步。从聚拢人才到鼎力承担，从支持场地到争取经费，遗传发育所始终是中国攀越生命科学高峰之路上一支不容忽视的科学力量。华大基因在这里萌芽孕育，蹒跚起步，日渐成长为中国基因产业的领航者；中国科学院北京基因组研究所从这里脱胎成长，积蓄能量，为科研"国家队"育出了一支素质过硬的生力军……

　　国际人类基因组计划、曼哈顿原子弹计划、阿波罗登月计划并称为自然科学史上的"三大计划"。2000 年，中国成功完成人类基因组 1% 的测序任务。追溯中国成功参与这一计划的前前后后，遗传所的主动争取和鼎力承担，加速了人类对各物种"生命天书"的破译和解读，极大推动了我国基因组学的发展。

小红楼里播下"希望之种"

　　国际人类基因组计划于 1990 年启动，1995 年规模化基因组测序技术取得长足发展，1997 年前后进入测序技术成熟期。当时，国内对于中国有没有必要参与人类基因组计划尚存在着一些不同的声音。反对意见主要有两种：一种认为，人类基因组计划本身是公益的，不管中国参不参与，都可以免费共享基因图谱的成果；另一种看法则认为，我们不具备这一工作的条件与竞争能力。

遗传所则是中国参与人类基因组计划坚定的支持者。在时任所领导陈受宜和朱立煌看来，虽然人类基因组计划的最终成果要实现全球共享，但不参与就不能直接获得技术与资源，更不可能有发言权。

"基因组学研究是遗传学的根本，要想改变科研旧貌，就要想办法在基因组学研究方面崭露头角！"从推动研究所的科研工作更上一层楼的层面考量，陈受宜也希望研究所能向这一崭新的科研领域进军。

然而，在这个宏伟的构想面前，首先得有一支过硬的队伍。杨焕明很早开始呼吁中国应加入这一国际计划，遗传所首先引进了杨焕明，然后继续引进了汪建和于军。于军当时在华盛顿大学 Olson 实验室工作，是基因组测序方面的专家。汪建有很强的组织能力，已经回国创业。

"所里没有钱，但我们唯一能做的，就是尽全力支持你们！"重重困难面前，陈受宜满满的诚意和这个国字号科研院所的担当与使命感，深深感染着几位志向远大的年轻人。

1998年，遗传所所长陈受宜（左）、人类基因组中心主任杨焕明（中）、遗传所副所长朱立煌（右）在小红楼前合影留念

于军至今还记得当年自己那个义无反顾的决定：1998年的一天，凌晨4点左右，他正在美国西雅图的家中睡觉。忽然自动传真机响了起来。他爬起来一看，是遗传所请他回国工作的委任书，"我拿起笔签上自己的名字就传了回去。"

为了给三位年轻人提供施展空间，当时经济拮据的研究所将所里每年以20多万元对外出租的一栋小红楼收了回来，专门提供给他们使用。之后，又为他们争取来了20万元的"院长基金"。

一栋两层小楼，几台暂借的设备，在简陋的科研环境中，中国承担人类基因组计划的"希望之种"就在这里悄然萌芽……

"1%，我们拿到了"

1998 年夏天，遗传所迎来了一次重要的国际会议——第十八届国际遗传学大会。就在这次会议期间，遗传所人类基因组中心正式揭牌开张。中心由杨焕明担任主任，汪建担任执行主任，于军担任副主任。

美国《科学》杂志十天后报道了这一消息，并如是描述："这将极大地促进国际基因组学研究"。这一预测也很快在中国科学家们的努力下得到了印证。

人类基因组中心的三位主要负责人明白，要想跻身人类生命密码破译的前沿，光有热情是不够的，还必须用实力证明自己！

之后，中心开始承担一些小的测序课题，同时在研究所的帮助下申请中国科学院的重点项目经费，并籍此以赊账的方式购买了最初的 2 台 ABI 377 测序仪。他们还想方设法凑了 200 多万元，买来了敲开人类基因组计划的第一块"敲门砖"——毛细管自动第一代测序仪 MegaBACE 1000。

在不到半年的时间里，他们就递交了人类基因组序列 70 万个碱基的测序结果。1999 年 5 月，人类基因组中心还与中国科学院微生物研究所、中国科学院生物物理研究所合作，对一种我国特有的嗜热细菌进行基因组测序，并获得国内第一张微生物基因组"全貌图"。

在于军看来，当时团队的主要目的并不在于测序本身，而是在于让国际同行认识到，中国人已经具备了较大规模的基因测序能力，中国科学家具有加入人类基因组计划的能力和决心。

1999 年，遗传所人类基因组中心正式向国际人类基因组计划共同体提出申请，并成功领到了人类 3 号染色体短臂上一个约 30 cM（厘摩）区域的测序任务。

成功领到具体的测序任务，就意味着继美、英、法、德、日之后，中国成为了人类基因组计划的第 6 个参与国，也是唯一的发展中国家。

1%，对于国际社会而言，所占比例很小，但对于作为世界人口大国的中国而言，却意义非凡——这意味着中国不仅能够参与、分享人类基因组计划的成果、数据与资源，更迈出了参与全球科技竞争的关键一步。

体制外探路——另辟蹊径的"穷棒子们"

1% 的测序任务，看起来容易，做起来却殊非易事。

1999 年 9 月 1 日，杨焕明代表中国人类基因组协作组在伦敦举行的第五次人类基因组测序战略会议上做出承诺：保证 2000 年春末完成"包干"区域任务，并保证一半以上的序列达到"精细图"质量标准，保证有关数据即时上网公布，免费分享，保证不申请类似专利。

然而，短短几个月的时间，要保质保量地完成 30M 个碱基对的基因测序任务，仅仅依靠当时人类基因组中心的 8 个人，几乎就是天方夜谭。

团队负责人估算，完成这一项目需要 3000 万到 4000 万元的经费，100 多名工作人员，这在当时的遗传所是不可想象的。

在当时既有的体制下，要想大规模地扩充人员，也明显面临着困难。陈受宜坦言："基因测序需要不少人员，光是他们的工资、住宿和其他待遇就难以解决，更别谈机制方面的灵活程度了"。

那么，好不容易争取到的"人类基因组计划"任务究竟能不能按期完成呢？很多人为他们捏了一把汗。

压力之下，遗传所人类基因组中心选择了另辟蹊径——他们开始尝试以协同创新的方式在体制外进行探路。

"我们四处跑，反复谈，最后得到了顺义空港开发区的支持"，陈受宜还记忆犹新。当年 9 月，在大家的共同努力下，在顺义空港开发区 B 区的一座空厂房里，一家名为北京华大基因研究中心的公司正式注册成立。

作为一家民营科研机构，它与遗传所人类基因组中心是一套人马，两块牌子。相较于当时那种缺乏活力的传统科研体制，这家机构可以用市场化的手段解决不少困难和问题，而它非盈利的性质以及脱胎于体制内的身份，则保证着其科研活动的开展。

1999 年，人类基因组中心主任杨焕明（中）、执行主任汪建（右二）、中心副主任于军（右一）与工作人员在测序仪前合影

此后，人类基因组中心的主要骨干开始转战于此，并利用其灵活的公司体制开始招兵买马，拉开了中国人类基因组测序工作的序幕。

面对紧张的完成周期和艰巨的使命，尽管缺乏经费、缺少人手，甚至毫无经验，但这些被"宏伟计划"所感召、从四面八方聚集到京郊的人们依然选择义无返顾地投入"战斗"——一些大专院校的学生不计报酬自愿加入测序工作；实验室里昼夜灯火通明，一百多人分成两班，人停机不停，只为每天完成 20 万个碱基的测序工作……

"那时的工作条件非常艰苦，为了激励我们，陈受宜老师就在我们工作的小楼内放了一张纸，上面写着：穷棒子精神永放光芒！"多年之后，不少在这里工作过的人们还都对这句话和工作平台上的三根玉米棒记忆犹新。

2000 年春，中国团队如约递交了测序结果。凭借着坚持不懈的努力，遗传所人类基因组中心联手国家人类基因组南方中心和北方中心，以及西安交通大学和东南大学等共 15 个单位，精准地完成了测序工作，并且测序成本仅为美国等国家测序成本的四分之一。

当年 6 月，随着人类基因组工作框架图的完成，人类基因组计划的里程碑上从此刻下了"中国"两个字。

孵化与新生——一个新学科的兴起

2003 年，历时 13 年、耗资近 38 亿美元的人类基因组计划宣告完成，于军代表中国科学家参加了在华盛顿举行的庆祝仪式。此时，距 1953 年美国科学家詹姆斯·沃森（James D. Watson）发布 DNA 双螺旋模型过去了整整半个世纪。

经过半个世纪的漫长探索，人类不仅完成了自己的第一张基因图谱，在人类基因组计划完成过程中建立起来的策略、思想与技术，还催生了生命科学领域一门新的学科——基因组学。

"在人类基因组计划的完成过程中，我们熟悉了设备，提高了科研能力和水平，还培养出了一支人才队伍。"在于军看来，这次参与绘就"生命之图"的历练，对于我国基因组学的发展而言至关重要。

就在人类基因组计划进行的同时，日本科学家牵头启动了国际水稻基因组计划，以粳稻品种'日本晴'为研究材料。

为保护袁隆平院士的超级杂交稻这一宝贵的国家资源，也为继续保持我国在杂交水稻育种领域的国际领先地位，由华大基因发起，遗传所和国家杂交水稻工程技术研究中心合作参加的"中国超级杂交水稻基因组计划"于 2000 年 4 月 26 日正式启动，华大基因与袁隆平、朱立煌共同签署了合作协议。

2001 年 7 月 1 日，水稻基因组的大规模测序正式展开。经过 100 多个日夜的奋战，我国科学家终于以后来居上之势拔得头筹。

2001 年 10 月 12 日，我国科学家向全世界宣布，中国率先完成水稻（籼稻）基因组工作框架图的绘制，并免费公布全部序列数据。

2003 年 11 月 28 日，中央机构编制委员会批复同意成立中国科学院北京基因组研究所。北京基因组研究所在遗传所人类基因组中心的基础上，整合部分华大基因员工组建而成。自此，中国科学院的体系中有了一支专门从事基因组学研究的科学力量。

以人类和水稻基因组等大型基因组研究为肇始，我国开始步入基因组学研究的快车道——不仅完成了家蚕等大型基因组研究，参与了家鸡、家猪、木瓜等多个大型动植物基因组图谱制作，还参与了人类基因组计划的后续研究——人类基因组单倍体型图计划，也包括 2007 年，深圳华大基因研究院还首次向世界公布了第一个中国人的全基因组序列……

一个个基因组图谱的破译，犹如打开了一部部生命天书，在很大程度上帮助我们洞察不同物种的历史和进化之秘，揭开疾病诊断、治疗和预防等各种未知的可能性。

如果说在过去二十年中，"字节（比特）"重新定义了信息，并由此发展出了互联网产业，那么作为遗传与生物信息最小单元——"基因"，则在很大程度上会在未来的二十年中重新定义生命科学。

作为唯一参与人类基因组测序工程的发展中国家，中国目前已经成为基因检测产业化最为发达的国家之一，占有世界产前基因检测一半以上的市场。在这一过程中，脱胎于遗传所的华大基因也逐渐从一家依托测序的民营科研机构，成长为集合自主科研、学院、学术期刊、科技服务、临床研究、智造、农业、司法等于一体的生命科技生态圈。

凡为过往，皆为序章。科学新芽的萌动，离不开远见者放眼未来的卓识和慷慨支持的魄力。当新的时代揭开帷幕，遗传发育所正蓄势待发，孕育源源不断的新生力量。

我国粮食安全和农业可持续发展的"科技连"

导读

科技创新是撬动农业发展最重要的杠杆，植物细胞与染色体工程国家重点实验室义不容辞地担负起这个重任。历经 30 年，植物细胞与染色体工程国家重点实验室的科研团队一直秉承"少投入、多产出、保护环境、持续发展"的理念，不断创新，将科技的种子撒播到田间地头，在农业科技的天地中收获了累累硕果。

2019 年，植物细胞与染色体工程国家重点实验室（以下简称实验室）迎来了建室 30 周年。这个正值"而立之年"的实验室，是遗传发育所建立的首个国家重点实验室，承载着一代又一代科技工作者的报国使命。

实验室始终瞄准国家战略目标，立足科技前沿和创新，加强理论研究与生产实践相结合，力争在农作物遗传改良的基础理论与应用研究中取得更大突破，为粮食安全和农业可持续发展作出重要贡献。

在几代科研人员的不懈努力下，实验室不辱使命，一批批重大科研成果相继产出：小麦花粉单倍体育种，小麦远缘杂交育种，小麦 A 基因组序列草图和精细图的绘制，倡导和推动"渤海粮仓科技示范工程"项目，培育小麦、水稻、玉米和大豆等一系列新品种……

先声而动——把握发展良好契机

1984 年，国家计划委员会启动国家重点实验室建设计划。时任遗传所所长胡含清楚地认识到，建设国家重点实验室对提升研究所科研水平和地位非常重要。于是，他开始着手构思建立一个以小麦研究为主的国家重点实验室。但限于当时人员队伍和科研条件，这项申报工作一直未能开展。

机会终于来了。

1987 年，李振声从中国科学院西北植物研究所调入遗传所担任所长。对于组建国家重点实验室的重要性，李振声与胡含"英雄所见略同"。他们认为，这对研究所的科研事业，尤其是小麦研究来说，是进入发展快车道的良好契机。

当时，研究所在小麦研究领域颇具特色与优势。一方面，胡含团队在小麦花粉单倍体培养研究工作上取得了举世瞩目的成绩，在国际上处于领先地位。另一方面，李振声团队在小麦染色体工程和远缘杂交育种方面成绩斐然，育成了以'小偃 6 号'为代表的小偃系列品种。此外，魏荣瑄刚从美国进修归来，具备开展分子生物学研究的条件。

申报的相关准备工作很快被提上日程。1988 年，研究所正式向国家计划委员会提交报告，并初步获准立项。

1989 年，研究所提交了实验室可行性研究报告，拟定了小麦染色体工程、单倍体诱导与遗传育种、体细胞变异与细胞筛选、小麦核质杂种的遗传分析和利用、小麦特异种质的分子标记和基因定位等五大研究方向。

同年 7 月，国家计划委员会正式批复，批准建设"重要农作物细胞与染色体工程及其育种应用国家重点实验室"。李振声担任实验室主任，胡含担任学术委员会主任，学术委员会成员包括徐冠仁、庄巧生、郝水、沈允钢、洪孟民和刘大钧院士等，阵容强大。根据胡含提议，1991 年，实验室更名为"植物细胞与染色体工程国家重点实验室"。

1992 年 12 月，实验室通过评估，正式对外开放，1995 年 10 月通过国家验收。植物细胞与染色体工程国家重点实验室是我国较早建立的国家重点实验室，也是遗传所的第一个国家重点实验室。

阵容强大——组建团队昂扬前行

实验室成立之初，只有 9 名学术带头人，分别是李振声、胡含、魏荣瑄、李安生、张炎、贾旭、李大玮、张文俊和朱有光。苦于经费和条件所限，实验室的各个课题组分散运行。在多方努力下，1990 年实验室总算筹集到 20 万元建设经费，建成了一栋两层约 600 平方米的科研楼，这栋实验楼被大家称为"染色体小楼"。这栋小楼成了实验室发展的"根据地"。

1990 年建成的实验室根据地——染色体小楼

1992 年是实验室重要的一年。这一年，实验室获得了 90.5 万美元的世界银行贷款。利用这笔经费，实验室购置了一批先进的科研仪器设备，包括激光共聚焦显微镜、激光显微细胞切割仪、荧光显微镜与 CCD 成像系统等，研究条件得到大幅度改善，基本达到国外同类实验室的标准。

当时，激光共聚焦显微镜在国际上尚属于尖端设备。先后有数十家国内科研单位和大专院校来实验室开展研究工作或进行合作研究。1995 年，实验室举办了一次"激光共聚焦显微镜研讨会"，共有 40 多位国内外学者参加，研讨会对我国激光共聚焦显微镜技术的普及应用起到了重要的推动作用。

硬件条件具备了，人才也不可或缺。

1997 年，王道文从英国留学归来，成为实验室第二任主任，他是全国最年轻的国家重点实验室主任。得益于中国科学院"知识创新工程"和"百人计划"人才项目，实验室于 2001 年引进了凌宏清和张爱民，于 2004 年引进了傅向东，他们的加入大大加强了实验室的研究力量。此后，实验室的发展进入快车道。

这个时期，实验室取得了一系列成绩。

胡含团队系统总结了 20 多年来在小麦花粉无性系与配子类型重组和表达研究的一系列成果，于 1997 年获得国家自然科学奖二等奖。欧阳俊闻等"通过花药培养诱导小麦雄核发育形成加倍单倍体"于 2001 年获得中国科学院自然科学奖一等奖。

2002 年，实验室获得第一个"973"项目，开始了对小麦加工品质的遗传学研究。这项研究创制了一大批小麦品质相关基因的系列突变体，发现了一批具有重要育种价值的优质基因和种质资源，揭示了小麦品质基因间的功能分化和互作，对于培育优质专用小麦新品种极有意义。

实验室的学术带头人李振声在他 60 余年的科学生涯中，取得了令人瞩目的科学成就，系统研究了小麦与偃麦草远缘杂交并育成了'小偃'系列品种，创建了蓝粒单体小麦和染色体工程育种新系统，开创了小麦磷、氮营养高效利用的育种新方向。李振声提出的以"少投入、多产出、保护环境、持续发展"为目标的育种新理念，已成为业界共识和农业"973"项目研究的重要指导原则之一。

2006 年，实验室迎来重大喜讯，李振声院士获得国家最高科学技术奖。

顶天立地——国家需求和国际前沿

进入 21 世纪，小麦的遗传育种研究进入瓶颈期。

小麦基因组庞大而复杂，遗传转化十分困难，导致功能基因组学研究

重点实验室庆祝李振声院士获得 2006 年度国家最高科学技术奖

受到限制。与此同时，模式植物（拟南芥、水稻）的基础研究发展迅速，对其他作物的遗传育种研究具有重要参考价值。

经反复讨论和谋划，实验室及时调整研究方向，加强基础研究与应用研究整合。实验室发展自此进入了一个新阶段。

实验室陆续从国内外引进和培养了唐定中、童依平、李霞、李俊明、沈前华、李云海、韩方普、高彩霞、陈化榜、田志喜、刘翠敏、刘西岗、刘志勇、朱保葛、鲁非、薛勇彪、肖军、胡赞民等学术骨干，加强模式植物研究与小麦研究的衔接，将模式植物的研究结果应用起来，有力推动了小麦的基础研究工作。

同时，实验室对于其他作物（包括水稻、大豆、玉米、番茄、大麦等）的遗传育种研究也相继开展起来，这大大拓宽了实验室的研究范围。

庞大和复杂的小麦基因组的测序工作一直是横亘在科学家面前的一座大山。2007 年，凌宏清接任实验室第三任主任后一直思考如何加强实验室的小麦基础理论研究，并获得具有国际影响的研究成果。实验室全体成员讨论后，一致认为应该挑战难点，决定开展小麦基因组测序研究。

通过不懈的努力，实验室相关团队与深圳华大基因研究院合作，于2013 年完成了小麦 A 基因组草图的绘制，相关研究成果在《自然》杂志发表。这项成果开启了全面破译小麦基因组的序幕，并入选"2013 年度中国科学十大进展"。之后，实验室相关团队进一步绘制了小麦 A 基因组染色体精细图谱，为研究小麦进化和驯化提供了高质量的基因组信息和全新视角，推动了栽培小麦的分子设计育种工作。

进入 21 世纪，基因组编辑技术迅猛发展。实验室的科研团队在国际上首次建立小麦基因组编辑技术体系，并通过此技术创制出了广谱抗白粉病的小麦育种新材料，为小麦基因功能研究、育种新材料创制与新品种培育提供了全新的思路和技术路线。这项研究成果入选《自然－生物技术》杂志创刊 20 周年最具影响力的 20 篇论文，和《麻省理工科技评论》十大技术突破。

在面向环渤海中低产田和盐碱荒地的"渤海粮仓"工程中，一个重要措施就是通过培育和推广耐盐、高产、稳产新品种来突破制约环渤海地区粮食增产和可持续发展的问题。实验室培育的耐盐小麦新品种 / 系（'小偃 81'和'小偃 60'）和耐逆高产玉米品种（'华农 866'和'华农 138'），为实现增产粮食 100 亿斤的项目目标奠定了坚实的基础。"渤海粮仓科技示范工程"作为农业科技示范的典范写入 2016 年中央 1 号文件。

此外，实验室还在水稻高产关键基因、作物养分高效利用、小麦染色体工程、大豆基因组进化、玉米单向杂交不亲和等方面也都取得了新的突破或重要进展。

自 2010 年以来，实验室在国际顶级学术期刊发表论文 17 篇，培育小麦、水稻、大豆、玉米等农作物新品种 19 个，累计推广面积 2100 多万亩，新增社会经济效益 10 亿多元。

现任实验室主任傅向东谈起实验室的未来发展时说："实验室要坚持基础与应用研究相结合，发展自己的特色。要面向国家需求和国际科学前沿，运用遗传学知识和技术，深入研究主要农作物重要农艺性状形成的遗传基础，在作物遗传学和分子育种领域做出创新性成果。要综合利用各种基因转移手段，培育适合我国农业可持续发展需求的作物新品种。"

奏一曲时光中的科研赞歌

导读

　　它拥有我国首个负压实验室，受到生命科学研究群体的密切关注；它被形容为水稻生物学领域的"农民运动讲习所"，国内大批从事水稻生物学研究的学者都曾在此学习。这里，诞生了一个个基础研究领域具有开创性贡献的成果。书写它的故事，也是在书写遗传发育所的一页辉煌。

　　"801 组朱立煌，802 组王斌，803 组陈受宜，804 组李家洋，805 组左建儒……"对负压实验室有记忆的科研人员，大多都记得这样一组编号。编号的顺序，反映了 5 个课题组从 20 世纪 80 年代中期起进入负压实验室的顺序。当年年轻的研究生，今天也人过中年了。但无论在何时何地说到负压楼，总是充满深情，更为自己曾是一名"负压人"而自豪。年龄相差 20 岁的"负压人"，初次见面可能会互相询问："你是 80 几的？"

　　负压楼是一个神话，是一个传说。传说中不仅仅是那栋小楼，更是楼里的故事和走出来的"负压人"。

　　负压实验室已是一段尘封的历史。但一脉相承的植物基因组学国家重点实验室还在继续铸造辉煌，树立中国植物分子遗传学研究史上的新丰碑，新一代"负压人"还在继续书写传奇和成就。而要说起它的故事，就不得不把时光的指针拨回 35 年前……

负压实验室——国内首家，带来发展契机

20 世纪 80 年代，一幢品字型的小楼静静地矗立在遗传所实验农场一隅。第一和二层是实验室，第三层为储存间。从外观上看，它与那个年代的建筑几无差别。但走进之后，你会发现"别有洞天"。

这是一栋内部空气压力低于大气压的建筑。在负压楼里，由于内部气压低于外界气压，内部的空气不会向外扩散，保证了实验室内的细菌等微生物不会逃逸出去。外部人员进入总要小心翼翼，不仅需要经过风淋、更换实验服，还要经过两道狭窄的门。负压楼是当时国家生命科学与医学领域中安全性与规格最高的实验室。

为什么要修建一间高规格的负压实验室？20 世纪 70 年代中后期，DNA 重组技术的出现催生了负压实验室。当时出于安全的考虑，国际上对实施遗传工程技术的实验室，采取了高等级的安全设置，即设立严格的限制条件，防止经过遗传重组后的细菌逃逸出可控制的实验环境。因此，中国科学院决定投资人民币 110 万元，建设我国第一个负压实验室，经过多方面评估，实验室选址于遗传所，负压楼于 1984 年建成并通过国家鉴定验收。

负压楼一瞥：门前的两棵雪松是负压楼的标志之一

1984 年 9 月 25 日，恰逢遗传所成立 25 周年，朱立煌研究组成为第一个入驻负压楼的课题组，编号 801。之后，王斌研究组和陈受宜研究组先后搬入负压楼，编号分别为 802 和 803。

当时遗传所的植物科学领域研究开始着力于分子遗传学研究。经研究并报中国科学院生物学部同意，遗传所成立了基于负压实验室的所级"开放实验室"。自此，与植物分子遗传学相关的研究与人才培养如火如荼地开展起来。同时，国家"863""计划第 101 主题办公室设在负压实验室。遗传所作为第一主持单位，承担了"863"农作物生物技术的任务，在全国范围具有示范意义。

负压实验室受到国内外生命科学研究领域的极大关注，包括李汝祺、徐冠仁、鲍文奎、李竞雄、谈家桢等遗传学前辈大师都曾前来参观。

中国科学院植物生物技术开放实验室——面向全国，培养植物分子遗传学人才

改革开放后，中国科学院陆续创建了不少重点实验室。巧合的是，这些重点实验室大多建立在"负压楼"的前后左右，形成一个环抱的格局。

位于中心的植物生物技术开放实验室不辱使命，在中国科学院的推动下，遗传所与微生物所联合，于 1990 年将遗传所植物生物技术开放实验室升级为中国科学院植物生物技术开放实验室。实验室第一届主任由朱立煌担任，学术委员会主任由莽克强（微生物所）担任。实验室以分子遗传学为基础，开展水稻遗传图谱、耐逆、抗病、抗除草剂、激素、雄性不育等方面研究，从重要农艺性状入手，解析相关遗传规律，解决育种中的关键问题。

在这幢大楼内，流传着一个类似"农民运动讲习所"的故事。

20 世纪 90 年代起，受美国洛克菲勒基金会资助，朱立煌作为访问学者，每年在康奈尔大学访学 3 个月，追踪学习植物分子遗传学前沿进展，并最早在负压实验室开展水稻遗传图谱构建工作。遗传图谱的构建对遗传学研究和分子育种具有重大意义，引起了国内同行极大关注。实验室秉承

开放共享原则，吸引和接纳来自国内众多从事水稻等作物研究的学者和学生前来学习和研究，很多人后来成长为知名学者，包括钱前（中国水稻所）、曹立勇（中国水稻所）、孙传清（中国农业大学）、李仕贵（四川农业大学）、李平（四川农业大学）、吴先军（四川农业大学）、单卫星（西北农林科技大学）、徐云碧（中国农业科学院）、邓启云（国家杂交水稻中心）、赵炳然（国家杂交水稻中心）、尹佟明（南京林业大学）、梁国华（扬州大学）、严长杰（扬州大学）、孟征（中国科学院植物所）、何光华（西南大学）、刘永胜（安徽农业大学）、唐定中（福建农林大学）、马伯军（浙江师范大学）、陈庆山（东北农业大学）、俞嘉宁（陕西师范大学）等。实验室也是当时洛克菲勒基金会最早支持的三家单位中开放力度最大的机构。

"这仿佛是当年的'农民运动讲习所'"，实验室第二任主任方荣祥的调侃一针见血——在植物生物技术开放实验室里培养了大批植物分子遗传学和分子育种研究骨干，实现了农业实践与科研的碰撞，践行了植物分子遗传学基础理论研究与分子育种的结合。

也正是在康奈尔大学作访问学者的契机，时任实验室主任朱立煌联系了遗传所硕士毕业生、在康奈尔大学从事博士后研究的李家洋，邀请他回国工作。李家洋随即于 1994 年全职回国工作，加盟"负压"，组建了 804 组。之后，朱祯研究组和储成才研究组加入植物生物技术开放实验室。2001 年左建儒回国后，负压楼内已无可用空间，故将负压楼的空调机房改建为实验室，组建了 805 组。在 2002～2004 年期间，陈明生（806）、程祝宽（807）、曹晓风（808）、李传友（809）、谢旗（810）等优秀人才陆续加入。其中，程祝宽和李传友均为"负压楼"的博士毕业生，曾分别师承朱立煌和王斌。由于地方拥挤，新增的课题组就近安排在附近的科研楼。尽管空间狭窄，但小有小的好处，科研人员在更多接触中迸发出灵感的火花，屡创佳绩。在这一期间，植物生物技术开放实验室成为归国优秀人才聚集地之一，实验室规模逐渐壮大。

2002 年，由国内 12 家科研单位共同完成的水稻籼稻亚种的基因组序列在《科学》杂志上发表，"负压人"朱立煌、陈受宜、李家洋等人参加感谢"负压实验室"、庭渊遗传发育所的培养！
热烈祝贺遗传发育所成立六十周年！
祝愿遗传发育所未来更加辉煌！
　　　四川农业大学　陈学伟

逝去的是光阴，写下的是记忆
负压时光，永远的精神财富
中科院上海植生所　廖继明

在"负压"下工作五年，不仅学习分子生物学技术；
也在恩师陈受宜先生言传身教下，学习做人，
做科研，和如何做导师。祝老师身体健康！
祝植物基因组学国家重点实验室越来越好
　　　中国农业大学　郭岩

热烈庆祝遗传发育所成立60周年，
祝"负压实验室"人才辈出，成果累累！
中国科学院植物研究所　贾赵英

科研旅程，您为我点燃希望之光；水稻奥秘，您给
了我解锁的钥匙；稻田丰收，您给了我收获的方向。
感恩"负压"老师培养，祝福遗传与发育生物学研究所
辉煌依旧。四川农业大学　李仕贵

作为负压实验室曾经的一员，我想念感谢陈
受宜老师对我们的指导、关心和帮助，希望遗传所
发展得越来越好！
　　　　　　　　孙加强
博士工作单位：中国科学院遗传所发育生物学研究所
2019年6月16日

校名"负压实验室"不辜负经年，成就
辉煌，人才辈出，前辈教诲历历在
目，我将已铭记于心。
　　四川大学/安徽农业大学　李小白

春华许洒负压室，秋实喜来甲子年
中国水稻研究所　钱前

负压实验室的学术氛围令人怀念，在
陈受宜老师的精心指导和引领下，为我的
学术道路打下了坚实的基础。祝愿实验室
一如既往培养更多主创人才，产出更多科学。
　　西北农林科技大学农学院　韦传雷

"负压实验室"——中国水稻分子生物学研究发祥地之一，
让我第一次接触DNA。感谢恩师朱立煌先生的培养！感谢
毛龙博士手把手教我做实验！感谢每一位老师！
　　中国农业大学　孙传清

六十年风雨兼程，六十年岁月如歌，六十年硕
果累累，六十年桃李芬芳！祝福我们遗传
发育所六十华诞，祝您积历史之厚蕴，再
铸新的辉煌！
　　福建农林大学　唐定中

在负压实验室的学习经历是我们成长过程中
最为宝贵的一段经历。感恩实验室的良师益
友。衷心祝愿朱立煌先生身体健康，桃李满
天下。并祝负压实验室人才辈出，再创辉煌。
　　南京林业大学　尹佟明

　　　　"负压楼"培养的部分杰出科学家满怀深情忆"负压"

1996 年，中国科学院植物生物技术开放实验室参加国家重点实验室
评估，现场评估专家与实验室成员在负压楼前合影留念

了这项里程碑式的研究工作，实验室是这项成果的主要完成单位之一，从
而拉开了植物基因组学研究的序幕。

2003 年，实验室迎来了属于它的另一个里程碑时刻。李家洋研究团
队成功分离鉴定了水稻分蘖控制基因 MOC1，这项工作发表于《自然》杂
志上。MOC1 基因功能与信号转导途径的深入研究，对了解禾谷类作物分
蘖调控的分子机理，培育水稻等禾谷类作物超级品种具有重大的理论与应
用意义。同时，这一重大研究成果，成为实验室后来开展分子设计育种理
论和实践研究的良好开端。

尤其值得指出的是，作为中国科学院重点实验室，负压实验室曾三次
参加国家重点实验室评估（1991、1996 和 2001 年），分列全国生命科学
实验室第七位、第六（部级实验室第一）位和第十一位，在优秀国家重点
实验室序列的竞争中占有一席之地。

2007 年，负压楼被拆除，实验室主体搬迁到当时的 1 号楼（现 2 号
楼）。负压楼画上了它圆满的句号，但"负压人"的故事仍在继续。

植物基因组学国家重点实验室——基础与应用基础研究领域获重大突破

2003 年 12 月，由科学技术部批准，实验室升级为植物基因组学国家重点实验室。2006 年 1 月，实验室通过科学技术部组织的现场验收，正式进入国家重点实验室序列运行。

昔日品字小楼已不见，原址拔地而起的是现代化设施装备齐全的 1 号楼。实验室于 2015 年再次搬迁至负压楼原址所在的 1 号楼。重回旧地，不仅仅是楼宇的变迁，更是实验室腾飞的缩影——起步于负压实验室，然后发展为中国科学院植物生物技术开放实验室，直到今天的植物基因组学国家重点实验室。陈受宜在回顾实验室的发展历程时指出，实验室三任领导规范管理、一碗水端平、一心为公的理念和作风，为创建实验室的创新文化起到了重要作用。

在升级为国家重点实验室后，实验室陆续引进和培养了周俭民、周奕华、王永红、张劲松、焦雨铃、王国栋、吕东平、姚善国、林少扬、白洋、钱文峰、许操、姜丹华、梁承志等学术骨干。目前，植物基因组学国家重点实验室共有 35 个创新研究组（含微生物所部分），拥有基因组学、分子生物学、代谢组学、细胞生物学等研究平台。学术骨干中拥有中国科学院院士 3 名、中组部"千人计划"1 名、国家自然科学基金委员会杰出青年科学基金获得者 15 名，先后有 3 个研究团队入选国家自然科学基金委员会优秀创新群体。实验室以重要农作物和模式植物为研究对象，从点到点发展为点到面，在基础研究上作出了开创性贡献。2003 年至今，取得大量重要成果，共发表近 1500 余篇 SCI 论文，撰写论著 60 余部，获得授权专利近 200 项，承担国家级科研项目千余项。

李家洋团队 20 余年坚持不懈的系统研究建立了水稻株型发育和稻米品质改良的理论框架，并将相关成果直接应用于分子育种实践。在此基础上，合作培育的高产优质抗逆'中科发'系列、基于"理想株型"的'嘉优中科'系列以及具有"籼稻产量、粳稻品质"特征的'广两优'系列新品种，已经在全国水稻主产区进行推广。其中，'中科发'系列的第一个国审品种'中科 804'（编号取自"804 组"）在产量、抗病性、抗倒伏、稻米品质等方面均表现突出。相关成果"水稻高产优质性状形成的分子机理及品种设计"于 2017 年获国家自然科学奖一等奖，而"我国水稻分子设计育种取得新进展"入选 2018 年中国十大科技进展新闻。上述研究为我国水稻分子设计育种的跨越式发展奠定了开创性的基础。国家最高科学技术奖获得者李振声院士高度评价上述重大成果是"继'绿色革命'和杂交水稻后的第三次重大突破，标志着'新绿色革命'的起点"。李家洋也被国际同行誉为 21 世纪"最有影响力的植物生物学家之一"。

在植物表观遗传学领域，曹晓风团队在组蛋白修饰与小 RNA 调控基因表达与生长发育的分子机理研究方面，取得具有重要国际影响的系统性成果。植物免疫反应的调控机制不仅是重要的理论问题，也是作物抗病的基础。周俭民是国际植物抗病研究领域的领军科学家之一，在植物识别病原微生物并激活免疫反应的分子机理领域作出了诸多原创性的杰出贡献，具有重要的国际学术影响力。植物激素调控了生长发育、胁迫反应等几乎所有的生物学过程。重点实验室的相关研究团队在解析植物激素调控株型发育、干细胞维持、胚胎与种子发育、应答环境信号、耐逆的分子机制方面进行了系统深入的研究，成为国际上具有重要学术影响力的研究团队之一。作物的营养高效是绿色农业的核心要素之一。实验室在调控水稻氮、磷元素营养高效的机理研究以及氮高效分子育种等领域作出了原创性的重要贡献。

从"负压楼"到植物基因组学国家重点实验室，过去 35 年的发展和壮大，收获的不仅是"顶天立地"的累累硕果，更重要的是为我国培养了几代科研骨干人才，在我国植物分子遗传学历史上留下了浓墨重彩的一笔。"继往开来，机会与挑战并存，负压人任重而道远"，现任实验室主任左建儒对未来充满期待。

分子发育生物学国家重点实验室

成为科学"浪尖"的制造者

导读

从发表中国首篇《发育》(*Development*)提出受精卵钙振荡母源性装置概念，到揭示被子植物有性生殖中雌雄配子体识别的分子遗传机制；从创建小颅症、自闭症、精神分裂症、舞蹈症、帕金森病的动物模型和灵长类模型，到首个子宫内膜再生婴儿的诞生……"年轻"的分子发育生物学国家重点实验室已然铸就了诸多科学高峰，成为影响中国发育生物学进步的重要力量。

随着基因与遗传规律逐步被发现，生命的神秘面纱被慢慢揭开。

有一门学科——发育生物学应运而生。它是研究有机体的全部生命过程，包括精子和卵子的发生和受精、胚胎发育、生长直至衰老死亡的科学。这个领域一直是生命科学最活跃、最激动人心的研究领域。

1994 年至 2019 年，正好四分之一世纪。分子发育生物学国家重点实验室蹒跚起步，瞄准发育生物学领域的科学前沿，一路走来，可谓是"破茧成蝶"。

"破茧而出"

20 世纪 80 年代，发育生物学伴随着遗传学、细胞生物学、分子生物学等学科的发展而快速成长。当历史走进 1980 年 3 月，在中国"克隆之父"童第周先生和美国坦普尔大学牛满江教授的倡导下，中国科学院发育生物学研究所正式成立了。

124

　　12 年后的 1992 年，在英国剑桥大学工作的孙方臻致信中国科学院领导，就发育生物学相关领域工作的紧迫性和在中国的发展提出了研究设想和发展规划，并强烈建议在中国科学院尽快建立一个国家级重点实验室，以推动这个学科在我国的迅速发展。

　　中国科学院领导和有关专家经过磋商，很快达成共识，全力支持这样一个高水平实验室的建设。时任中国科学院院长周光召为此特批 31 万美元经费用于购买仪器，并从院长基金中拿出 37 万人民币予以专项支持。

　　1994 年 9 月，中国科学院分子发育生物学重点开放实验室应运而生，这是我国在发育生物学领域建立最早的重点实验室。从剑桥刚刚回国的孙方臻担任了首任实验室主任。

　　实验室建立初期仅有杜淼、劳为德、孙方臻、郑瑞珍 4 个课题组，当时的主要方向是在分子和细胞水平研究动物生殖细胞的形成、受精和胚胎早期发育的分子机制与遗传控制。

　　人才匮乏是面临的第一难题。当时留学人员愿意回国的少，同时国内人才流动也很难，被实验室看中的其他单位的人才，很难实现调动。后来，陈吉龙、吴乃虎、魏令波和陈清轩课题组相继加入实验室。1997 年，从英国留学归国的薛勇彪和从日本留学归国的陈凡也陆续加入实验室，实验室科研力量得到加强。

　　实验室的发展起步维艰，科研力量薄弱、仪器设备简陋、科学文献更新滞后等诸多难题迎面而来。实验试剂也经常短缺，国外试剂不仅订购周期长而且很多在国内订购不了，国内常用试剂质量良莠不齐，这极大地增添了科研工作的难度。

　　但科研人员突破重重困难，开展研究。

　　2000 年，实验室在哺乳动物胚胎发育程序启动方面取得重要发现，首次发现精子因子诱导的受精卵钙振荡受控于卵子内一个特异的母源性装置，该装置的功能是一次性的。这项成果发表在国际著名期刊《发育》上，这是中国大陆科学家第一次在该刊物上发表国内的工作。

　　在细胞核移植领域，实验室"山羊胚胎细胞经继代核移植后发育能力的研究"被评为 1994 年全国十大科技新闻之一，1995 年获中国科学院科技进步奖一等奖。

2001 年，在中国科学院实施知识创新工程试点中，发育所与遗传所合并。实验室陆续吸引了陈良标、戴建武、张建、鲍时来、杨维才、韩敬东、李巍、王朝晖、张永清、许执恒、杨崇林、黄勋、刘佳佳、丁梅、王沥、孟文翔、马润林等从事发育生物学、细胞生物学、神经生物学、代谢生物学研究的一大批优秀的海外青年人才的加入，进入了发展的快车道。

2005 和 2010 年，实验室在中国科学院组织的院重点实验室评估中两次被评为"优秀"；2006 年，作为院重点实验室参加国家重点实验室评估获得"良好"。

2010 年年底，科学技术部开展了新建国家重点实验室的遴选工作。经过十多年的探索、积累、建设，实验室凭借强大的人才队伍与明确的研究方向，在与国内其他优秀科研团队的竞争中脱颖而出。

2011 年 10 月 13 日，经科学技术部批准，分子发育生物学国家重点

2012 年 4 月 29 日，重点实验室学术委员会主任许智宏（右一）和
重点实验室主任杨维才（左一）进行徽标揭牌仪式

实验室正式进行建设。

质的飞跃

年轻的发育生物学"国家队"怎样才能快速健康发展？

现任实验室副主任黄勋说："相比老牌重点实验室，我们资历浅，但是因为所有课题组长（principal investigator，PI）都有相似的背景，科研理念基本相同，我们非常团结。我们的想法是集中力量扶持新的PI，不断有新鲜血液加入；购买公共的仪器设备，建立服务团队，提倡共享，提升实验室的整体实力"。

对于每位新来的PI，实验室会指定一位固定的资深PI，手把手地进行实验室日常运转、研究课题申请、人才项目申请以及指导学生等方方面面的指导。

2011年之后，实验室注重招聘掌握单细胞谱系追踪技术、活细胞单分子荧光成像技术等多学科交叉方向的PI，增强课题组间的合作，集中不同课题组的优势力量，共同攻克发育生物学领域前沿科学问题。实验室陆续引进了李晓江和John Speakman两位"千人计划"入选者，以及郭伟翔、屠强、杜茁、田烨、陈宇航、陆发隆、吴青峰、何康敏等优秀青年人才。

发育生物学的发展还要依赖细胞影像学、蛋白质组学、脂质组学等先进技术的发展，因此建设高水平的公共技术平台，满足公共需求，是实验室工作的重点之一。税光厚、汪迎春、降雨强三位技术人才的加入极大促进了实验室技术平台的发展。经过十多年的不懈努力，重点实验室现已形成特色突出、力量集中且结构合理的研究格局，相继建成了多个发育生物学相关的技术平台和资源库。

脂质组学平台能够定量分析线虫、果蝇、小鼠、猪、猴及人的各种组织、体液等生物样本的上万种代谢物，并建立了目前世界上最全的脂类数据库。平台上开发了全面分析各种微生物、多种植物的种子和各种组织的全脂组学方法；建立了世界上最全的人类眼泪脂质组数据库，可用于部分眼疾早期临床诊断指征。

细胞影像学平台拥有SD-共聚焦荧光显微镜、超分辨荧光显微镜等一系列高端生物影像仪器。平台注重整合现有技术与功能开发，运用活细胞成像、大幅度成像、3D快速成像等技术，能够实现生物个体、组织、细胞、亚细胞等不同水平上的生物样本的结构观察和物质运输等生理过程的长时间动态观察。

蛋白质组学平台拥有不同类型的质谱仪，能够对微生物、动植物和病理样本进行定量蛋白质组鉴定、蛋白质翻译后修饰的富集及鉴定，并开发了大量用于数据分析的程序。

所有平台由专业化人才队伍管理运行，全天候共享运行。

十几年来，实验室一直秉承"开放、共享"的精神。2011 ～ 2015 年设立开放课题43项，与北京儿童医院、宣武医院、第二军医大学等32家科研机构进行科研合作。

此外，从2006年开始，实验室建立"发育－遗传－疾病·高峰论坛"的高端学术品牌活动，每年邀请约10位国内外相关学科的领军人物来访

2012年重点实验室学术年会，师生欢聚一堂

交流。开放的国际交流环境使科学的思想火花在碰撞中迸发。

2013 年 8 月 13 日，科学技术部组织专家组对实验室进行验收，考核结果优秀。专家组对实验室寄予厚望：希望实验室进一步凝练有基础研究和应用前景的重大科学问题，尽快建成有世界影响力的分子发育生物学中心。自此，实验室正式迈入国家重点实验室行列。

硕果累累

实验室形成了国内最完整的以线虫、果蝇、斑马鱼、爪蛙、小鼠、拟南芥和水稻等为模式生物的发育生物学研究体系。研究方向包括生殖细胞发育、个体发育与重大疾病、脂代谢调控与紊乱、神经发育和器官形成、干细胞自我更新与分化等。

持续不断的努力与创新，分子发育生物学国家重点实验室成绩斐然，收获颇丰。

"显花植物自交不亲和性分子机理"的研究发现了基于 S-RNase 自交不亲合性研究中近 20 年来悬而未决的花粉 S 决定因子，获得 2007 年国家自然科学二等奖。

"被子植物有性生殖的分子机理研究"首次揭示了胚囊中央细胞在花粉管导向中的重要作用，获得 2013 年国家自然科学二等奖。

"子宫壁再生修复技术"临床上首次实现了人类子宫内膜再生修复。2014 年 7 月 17 日，世界上第一例应用再生材料修复子宫内膜技术诞生的婴儿在南京呱呱坠地，诞生了世界首例"再生医学宝宝"。

2015 年，巴西寨卡病毒暴发，许多母亲生下了小头畸形的新生儿。2016 年，实验室在全球首次建立动物模型，证实寨卡病毒可以直接导致小头畸形的发生。随后，实验室继续阐明了寨卡病毒的致病机制，并筛选验证了可用于临床治疗的单克隆抗体和疫苗。一系列工作在国际上引起了广泛关注。

神经系统发育异常会导致多种神经精神疾病，实验室对其致病机理的研究取得了相关突破。此外，实验室还创建了小脑症、自闭症、阿尔茨海默病、帕金森病的动物模型和灵长类模型，为相关疾病的临床研究提供了理论基础和更为理想的动物模型。

成立至今，实验室已在《自然》《科学》和《细胞》(*Cell*)等国际顶级学术期刊发表论文13篇，取得了良好的国际影响力；获得45项专利授权，技术商品化后，获得经济收益4000余万元。

目前，实验室有24个课题组，拥有英国皇家学会会士1人，国家"千人计划"入选者7人，"国家杰出青年基金"获得者8人，"国家优秀青年基金"获得者2人，中国科学院"百人计划"入选者15人，国家科技部973计划和"发育与生殖"重大专项首席科学家5人。

据不完全统计，2006～2010年实验室培养的研究生近50%出国深造，目前已有17人在国内外知名大学和科研机构担任教授，独立开展科研工作，其中2人获得"青年千人计划"支持、3人获得中国科学院"百人计划"支持。

进入新时期，实验室需要新的技术手段、新的人才、新的思想来推动发育生物学的进步。实验室虽然在一些研究领域的发展与国际同步，但对科学问题的解释和创新能力尚显不足。

"希望我们将来能够制造浪尖，让别人来跟着跑，到那时，我们就是真正的世界一流了。"现任实验室主任杨维才对未来充满了信心。

支撑农业竞争力的战略"利器"

导读

　　建设国际一流水平的研究支撑平台是科技创新的必要条件之一。在农业领域，农业生物技术的储备和支撑对农业的可持续发展起着极其重要的作用。要想不落后，就要保持创新的速度与水准。依托于遗传发育所建设的国家植物基因研究中心（北京），致力于建设高水平的植物基因功能研究平台和技术体系，为农业科技创新提供有力支持。

　　在农业领域，科学家们通过调控基因获得特定表型，培育出优质高产的作物品种。然而这一过程极其复杂，转基因、基因编辑、大数据等农业核心技术的源头创新起着关键性的作用。

　　在国家战略布局下，遗传发育所蓄势而发，打造创新引领、科技服务的"利器"——国家植物基因研究中心（北京）（以下简称中心）。

把握机遇，与国际科研同频共振

　　20世纪八九十年代，在国家高技术研究发展计划（863计划）的支持下，我国在转基因基础研究、成果转化和作物育种等方面取得了显著成就，并形成丰富的植物基因资源，部分已达国际先进水平。然而在育种产业化方面，我们却远远落后于国际先进水平。

　　1998年，美国孟山都公司申请在吉林省推广美国研发的转基因材料和技术，吉林省向国务院提交了《关于吉林省从美国引进玉米、大豆转基因技术的有关情况的报告》（以下简称《报告》）。

这份来自国际的农业生物技术在国内的推广申请报告，让国内相关专家意识到转基因育种产业的国际竞争必将日益激烈。

《报告》得到国务院相关领导亲自批示，科学技术部与农业部立刻组织有关专家讨论是否应该引进、如何引进等问题。

遗传发育所研究员陈受宜、朱桢、朱立煌，以及中国农业科学院范云六等专家参加了会议。

经过现场讨论，专家们最终给出一致意见：拒绝该技术在国内的推广。同时，科学技术部委托遗传发育所起草《实施我国转基因植物技术研究与产业化开发的方案》。

在此基础上，为加快我国转基因植物研究与产业化进程，提高我国在该领域的自主创新能力，形成具有国际竞争能力的转基因植物产业，1999年，科学技术部和财政部联合启动了"国家转基因植物研究与产业化专项"（以下简称专项）。

该专项中有一项规划，就是在我国北方、南方各建立一个国家植物基因研究中心。两个中心各自建立开放的植物功能基因研究技术平台，进行条件能力建设，以便能够开展规模化、系统化的植物功能基因研究，为我国转基因植物产业化奠定坚实基础。

位于北京的遗传发育所借助自身在人才队伍、技术设施等各方面的优势，作为依托单位联合北京地区几家植物基因研究领域的优势力量，包括中国农业科学院、北京大学、中国农业大学、北京市农林科学院、"863"国家作物分子设计中心，共同申请在北京建立国家植物基因研究中心，即国家植物基因研究中心（北京）。

2004年3月16日，科学技术部发来批复函，同意设立国家植物基因研究中心北京中心。

发挥优势，一二期建设成果颇丰

中心定位与发展目标明确：通过国家、地方、企业、院所的共同参与，联合推动，实现我国"发展高科技、实现产业化"战略目标，实现我国农业生物技术领域，尤其是植物分子育种新理论和新方法的创新，提高我国植物基因研究领域的水平，加快我国植物基因产业化进程，增强我国农业生物技术的整体国际竞争能力。

中心配备了先进的实验设备，建立了包括以玉米、小麦、水稻、油菜、大豆及棉花等主要农作物和拟南芥等模式植物为主的高通量基因信息分析平台，和大规模基因功能分析的高水平技术平台。

为了更快地获得一批具有产业化潜力的基因及表达调控元件，中心设置了 13 个开放课题进行基础研究，协助北京地区进一步发挥整体科研优势。

随着各项建设的推进，中心人才队伍建设、运行机制建设、基因资源的挖掘和遗传转化能力建设、转基因新品种培育等方面已初具规模，成为我国植物研究和转基因技术的主要创新基地。

2006 年 11 月 16 日，中心举行挂牌仪式。中心实行理事会和学术委员会领导下的主任负责制，李家洋院士担任第一届管理委员会主任。我国相关领域最高水平的专家为中心提供智慧支持——许智宏院士担任理事会理事长，李家洋院士和方荣祥院士分别担任学术咨询委员会主任、副主任。

2006 年 11 月 16 日，北京大学校长许智宏（前排右三）和农业部副部长
危朝安（前排右二）为国家植物基因研究中心挂牌

中心分两批共聘任了 48 名项目科学家。科学家们分别来自遗传发育所、北京大学、中国农业大学、中国农业科学院、中国科学院植物研究所、中国科学院微生物研究所等。

"舞台"已搭好，但中心在规模化、集约化和标准化，以及高通量基因克隆、功能验证研究平台及大规模遗传转化技术体系的国际竞争力有待提升。

创新驱动发展。中心快速确定了二期建设的目标——以我国转基因作物新品种培育和产业化需求为导向，针对五大作物抗病虫、抗逆、高产优质的需求，构建现代化、规模化、高效率以及共享网格化特征明显的植物基因研究平台和系统设施。

道虽迩，不行不至。中心充分发挥集中与创新的优势，在短短数年内，建立了一系列应用技术体系，为科学研究提供支撑。

针对我国不能独立进行植物激素超微精准定量分析的技术瓶颈，遗传发育所承担建设的植物激素分析平台，建立了各类激素的准确分析技术体系，并创新性建立了已知所有种类植物激素的定量分析技术，可同时检测十大类激素及重要合成代谢产物，实现了植物激素分析技术的突破性进展。

遗传发育所承担建设的转基因技术平台进行水稻、玉米、小麦等作物基因的遗传转化工作，利用新发展的基因组编辑技术，开展精准的基因敲除、插入、突变等，从而大大加速了作物育种的研究。这对于我国抢占生物种业技术创新战略制高点，加快推进我国生物种业跨越式发展具有重大意义。

中国农业科学院生物技术研究所承担建设的基因克隆与功能验证平台利用任务配置各类相关设备，提升了高通量筛选、大规模验证特殊环境微生物来源功能基因的技术能力，每年可筛选 1000 个新基因，可验证 100 ~ 200 个基因，可操作 10 ~ 20 个基因。

中国科学院植物研究所承担建设的植物高通量蛋白质组学分析平台向全国高校与科研院所开放，支撑基因功能验证的深入研究。

中国农业大学承担建设的全自动智能温室及日光温室修缮改造后，可以实现周年生产转基因工程受体材料的供应、转化植株及后代的培育。

凭借着各项建设成果，2017 年 12 月，中心顺利通过由农业部组织的验收，并获得专家组的好评。

国内首个专业性的植物激素分析平台建立

植物激素是植物自身合成的一系列天然痕量有机小分子化合物，能够在极低浓度下，通过调控器官生长发育和感应外部生长环境刺激来调节和影响植物的整个生命过程。植物激素对植物的发芽、生根、开花、结实、性别决定、休眠和脱落等发育过程有重要的调控作用。

在 2007 年以前，我国对植物激素的超微定量检测主要依赖于国外实验室，国内缺乏先进的技术和人才。这不仅导致检测样品受限，同时也严重制约了植物激素代谢和信号转导相关领域的研究。

这一瓶颈必须突破。

2007 年，中心引进相关技术人才，建立了国内第一个专业的植物激素分析平台。技术团队从零开始，根据平台任务和特点制订了建设规划，合理搭建平台硬件设施和技术队伍，优先快速建立了急需常见植物激素的

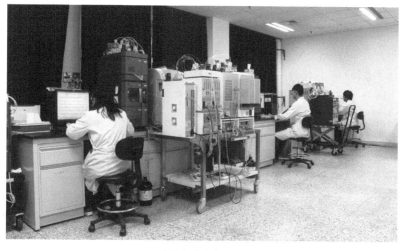

植物激素分析平台

分析技术体系，极大地缓解了我国在植物激素分析领域的技术需求。同时，平台与有关单位展开合作，合成了多种市场上无法获得的稳定同位素标准品以及高纯度的植物激素化合物，填补了国内甚至国际上相关产品的空白。

在此基础上，平台攻克了长期以来困扰植物学家的内源油菜素内酯的定量及定性分析难题。目前，该平台也是国际上仅有的几家能准确鉴定分析"独脚金内酯"这一新型植物激素的实验室之一。

经过近十年的建设，植物激素分析平台已经建立了涵盖目前已知所有植物激素的定性定量分析方法，包括生长素、细胞分裂素、乙烯、脱落酸、茉莉酸、水杨酸、赤霉素、油菜素内酯、独脚金内酯及部分植物激素小肽，植物激素种类涉及酸性、碱性、倍半萜和甾醇等复杂的分子结构。平台所建立的分析技术为国家重大研究计划及转基因专项等科技任务的实施提供了有力的技术支持，为植物生理研究、粮食育种等领域的研究提供了关键性的技术支撑。

据统计，从2009年平台对国内外开放共享开始，植物激素检测分析平台已累计为国内外近百家科研单位提供了两万多份高质量数据，中心在《自然》《自然－生物技术》和《美国科学院院刊》（PNAS）等高水平杂志上合作发表论文50多篇。

如今，平台的植物激素分析技术水平得到了国内外同行高度认可，并在技术创新方面取得了突破性进展，成为植物领域有口皆碑的技术支撑平台。作为国内首个专业性植物激素分析平台，他们实现了国内植物激素分析技术体系从无到有、从有到强的发展。

事实上，农业生物技术早已被视为农业大国的核心竞争力之一，甚至是未来制胜市场的新"武器"，因此，支撑它的科研平台与仪器设施的重要性也愈发凸显。

"深厚的积淀不是短期内完成的，中国在整个生物学领域原始性的重大创新还比较缺乏，应该让中心再活跃一些。"中心成立的"元老"朱桢研究员如此期待着。

　　"要给予国家植物基因研究中心特别重视和支持，有利于出成果、出人才；要进一步关心支撑平台运行的技术人员，很多重大的成果背后都有这些技术人员默默无闻的工作；要不忘初心，持续努力拼搏，着实建成世界一流水平的植物激素测定分析中心，为我国植物科学发展提供坚强支撑。"现任中心主任李家洋对平台技术人员有着深切的关心和高度的认可。

中英携手打造科研共同体

导读

　　在经济全球化浪潮的推动下，科技资源在全球范围内流动和配置，国际合作已成为推动科技创新的重要途径和手段。遗传发育所参与建设的中国科学院—英国约翰·英纳斯中心植物和微生物科学联合研究中心（简称CAS-JIC联合研究中心，CEPAMS），是中英两国科学家自主发起的国际合作组织，遗传发育所在该平台上产出了一批国际一流的科研成果，培养了一批在国际有重要影响力的科技人才，提升了研究所在科学舞台上的国际地位。

　　未来几十年，可持续农业和食品安全将是人类面临的共同挑战。在全球化背景下，该领域科学问题的范围及复杂性不断扩大，任何一个国家单靠自身力量无法完全解决。深化国际科技交流、合作，已成为人们共同应对各种全球性挑战的必由之路。CEPAMS 就是其中的先行者。

　　CEPAMS 是中英共同应对食品安全和可持续医疗保健方面的挑战，重点开展粮食作物改良和植物、微生物高价值的产品生产研究的合作平台。该平台秉承科学严谨、文化融合、友谊信任的精神，在追求科学卓越和全球公益方面合作，通过战略性的植物和微生物学研究，为人类营养和健康谋福祉。

　　CEPAMS 由遗传发育所、上海生命科学研究院植物生理生态研究所（上海植生生态所）与英国约翰·英纳斯中心（John Innes Centre, JIC）三个世界一流的研究所联合组建成立。

美好的诗篇来自友好的握手

作为世界一流的植物和微生物学研究中心，JIC 吸引了大量的优秀人才前往求学。这些学者学成归国后，依然和 JIC 保持着良好的交流与合作，这其中包括许智宏、韩斌、曹晓风、邓子新、薛勇彪、傅向东等一批优秀的植物科学家。遗传发育所与 JIC 的科学家保持了常态化的合作交流，双方充满了信任和好感。

CEPAMS 的缘起，要从 2011 年的一次中英植物科学家的相聚说起。

2011 年，包括中国科学院院士、中国科学院原副院长、北京大学原校长许智宏和中国农业科学院程奇在内的几位中英植物科学家在北京相聚。

双方交流后，"一层窗户纸"终于被捅破：何不强强联手，组建一个联合科技合作中心呢？很快，这个想法得到了双方高层的高度认可，一项项实质性的工作提上日程。

同年 6 月，中国科学院副院长李家洋、英国政府大学与科学事务大臣 David Willetts 及英国驻华大使 Sebastian Wood，共同见证了中国科学院和 JIC 合作谅解备忘录的签署。中英双方达成合作意向——着手建立"中国科学院—约翰·英纳斯联合研究中心"。

此后，中英双方进行了数次高层访问交流及研讨会，促成了更多实质性的研究组间合作。

2014 年 3 月 24 日，中国科学院院长办公会同意以中国科学院中外联合研究单元的形式建立 CAS-JIC 植物和微生物科学联合研究中心（即 CEPAMS），该中心为中国科学院非法人研究单元，依托单位为遗传发育所。此次院长办公会强调，该中心是中国科学院首次与发达国家共建的作物改良和天然产物研究领域的研究单元，是院党组实施"走出去"战略、建设国际联合研究基地的新探索。

同年 7 月 11 日，遗传发育所所长杨维才、上海植生生态所副所长王成树与 JIC 所长 Dale Sanders 教授，在英国伦敦皇家学会共同签署了 CEPAMS 战略合作协议。

中英两国顶级科研机构的强强联手自此登上了一个新台阶。

2014 年 7 月 11 日，遗传发育所所长杨维才（前排左）、上海植生生态所副所长王成树（前排右）与 JIC 所长 Dale Sanders 教授（前排中），在英国伦敦皇家学会共同签署了 CEPAMS 战略合作协议。英国皇家学会会长 Sir Paul Nurse（后排左）和中国科学院院长白春礼（后排右）见证签字仪式

在广阔的舞台追逐创新梦想

根据 2014 年 7 月中英双方签署的合作协议，在第一期合作的 5 年内，CEPAMS 在北京和上海园区新建 10 个研究组，JIC 和英国生物技术与生物科学研究理事会分别为 CEPAMS 提供 100 万英镑和 200 万英磅的资助；同时，中方以引进人才匹配经费的形式投入相应经费。

中英双方经过多年合作，CEPAMS 不负众望，在包括作物改良和育种理论及应用研究、植物和微生物天然产物的代谢机理及应用研发等方面，已取得丰硕成果。

截至 2019 年上半年，CEPAMS 已发起并资助双边合作项目 26 项，还争取中国科学院国际合作项目资助逾 1300 万元人民币，获得英国皇家学会牛顿高级学者基金（Newton Advanced Fellowship）一项。

2016 年，遗传发育所白洋成为首位受聘于 CEPAMS 的研究组长。白洋之前在德国马克斯普朗克植物育种研究所从事相关研究，他的研究方向聚焦于根系微生物群体在植物抗病、营养吸收、生长发育等过程中的功能和分子机理。

白洋团队与 JIC 的 Anne Osbourn 教授合作，系统地解析了拟南芥中形成基因簇的三萜合成遗传网络，揭示了拟南芥三萜类化合物对根系微生物组的调控规律，该成果为利用植物天然化合物促进根系益生菌在绿色农业中的应用提供了理论依据。相关研究 2019 年发表在《科学》杂志上。

此外，该团队与遗传发育所储成才团队合作，发现了影响水稻氮肥利用效率的关键因子，揭示了籼、粳稻根系微生物组与氮肥利用效率的关系，建立了第一个水稻根系可培养的细菌资源库，为研究根系微生物组与水稻互作，以及应用有益微生物、减少氮肥施用奠定了基础。

CEPAMS 设立的其他项目也取得了重要进展和成果，先后在《科学进展》(Science Advances)、《美国国家科学院院刊》和《分子植物》(Molecular Plant)等国际期刊发表合作论文 16 篇。如发现中国黄芩中含有抗癌成分，揭示了黄芩中存在两条不同的黄酮合成途径；揭示了 DA1 的蛋白酶活性通过协同调控下游底物的稳定性调控种子和器官大小的重要机制；首次从结构组学角度深入探讨了水稻 mRNA 二级结构的特征和潜在的生物学功能；揭示了免疫平衡调节器在植物调控免疫活性的分子机制等。

"CEPAMS 是中英科学界合作的一个很好的示例，相信 CEPAMS 可以通过其在食品安全和卫生方面的工作，改善中国、英国乃至全球人们的生活。"2018 年 7 月 22 日，英国外交部亚洲和太平洋事务国务大臣 Mark Field 赴遗传发育所访问时如此评价。

让顶级科研机构的"1+1"释放更多潜力

对于 CEPAMS 的影响，杨维才有着深刻的认识。他认为，CEPAMS 进一步加强了研究所与 JIC 科学家之间的合作，促进双方机构国际化。中英两国文化的交汇将给中国学生带来活力和灵感，并将对研究所的发展带来非常广泛的影响。

如今，步入高速发展阶段的 CEPAMS 已在科研创新、人才交流培养、提升国际影响力等方面展现出不可估量的潜力。

首先是对人才的高度重视。

引进和培养未来能在植物和微生物学领域引领潮流的领军人才，是 CEPAMS 建设的初衷之一。中心借鉴国际先进的管理经验，并结合本国特色，制订了国际优秀人才引进计划，采用国际评估机制激励创新。截至 2019 年 6 月，CEPAMS 已有 8 位青年科学家在北京或上海组建了自己的研究组并启动科研工作。这些研究组长同时也是 JIC 的荣誉研究员，能够获得宝贵的科研资源，如可以参与 JIC 内部学术会议以及使用 JIC 科研设备等。

为了吸引人才和留住人才，英国皇家学会会士、CEPAMS 共同主任 Ray Dixon（约翰·英纳斯中心）和中国科学院院士曹晓风（遗传发育所）付出了大量的精力和努力，他们邀请双方政府的国际合作相关负责人到 CEPAMS 交流，争取更多支持；利用各类学术会议，向青年科学家广发邀约，以期吸引更多新鲜力量；对于引进的人才，无论是实验室建设、运行，项目申请还是生活上的大小事，他们都不遗余力地给予帮助。

其次是广泛和深入的交流与合作。

在中英科学家的沟通和交流中，互访和双边会议是非常有效的形式。目前，学术年会已成为 CEPAMS 学术交流的常规活动，每年在北京、上海和英国诺里奇（Norwich）三地轮流举办。参会者除了 CEPAMS 成员外，还邀请国际上其他机构的优秀科学家。在这样的学术盛会上，中英科学家介绍最新成果，交流先进技术，讨论合作课题。

最后，基于各种先进的创新管理，如今 CEPAMS 正稳健地迈向新的征程。

CEPAMS 的重大事务、发展规划由理事会负责。第一任理事会主席由美国科学院院士、加州大学滨河分校 Natasha Raikhel 担任，作为第三

CEPAMS 2017 年学术年会在英国诺里奇成功举行

方给予外部支持，并负责三方机构间的协调。Natasha 也提议 CEPAMS 的学术年会举行一些优雅的活动，听听音乐会、参观画展，希望通过与艺术地结合，刺激和提升 CEPAMS 科学家的原始创造力。

在国家"一带一路"战略和对非战略重点工程的部署下，CEPAMS 将发挥自身优势，通过参与中国科学院中非联合研究中心项目，在作物改良领域进行创新探索。CEPAMS 将进一步针对植物对热和干旱等非生物胁迫的分子反应等开展研究，以更好地适应气候变化。

未来，中英双方希望继续通过 CEPAMS 将该领域最优秀的人才聚集在一起，最大限度地提高双方的影响力，产出高质量的科研成果，为双方提高科研效率、实现可持续发展提供支持，并为探索国际间顶尖科研机构实质性合作模式、建设全球科研共同体贡献力量。

携手共建，惠及民生

导读

　　"始终面向国家重大需求，面向国民经济主战场"——我国众多科研工作者正是怀揣着这一誓言，努力将"论文写在祖国的大地上"。从精准助力扶贫，到改善农业饲育结构，有效服务地方经济、惠及民生，在扶贫脱贫攻坚战里，在实现"和天、和地、和民"的新型农业梦的进程中，遗传发育所人一直笃志前行、锐意进取，为农业现代化的发展提供动力。

　　我国是一个农业大国，农业的健康发展和农产品的充足供应对人民生活改善和社会协调进步具有重大意义。党中央始终坚持将"三农"工作列为全党工作的重中之重，把保障粮食安全作为国家的首要战略目标。

　　面对国家粮食安全、西部脱贫攻坚及推动中国和世界农业发展等问题，遗传发育所依托学科战略布局所取得的科研成果，推进形式多样的院地合作，加速推动科技与生产相结合，让科研成果为民生服务。

　　自 2005 年起，遗传发育所通过开展院地、院所、院军合作，联合建立了江苏扬州、浙江嘉兴、新疆石河子、天津、青岛等 8 个以水稻、小麦、棉花、蔬菜为重点研发对象的分子育种联合中心；在黑龙江哈尔滨建立了中国科学院北方粳稻分子育种联合研究中心；在天津和呼和浩特建立了大动物（奶牛）育种基地；在海南陵水、河北赵县建立了作物繁育基地；与沈阳军区合作建设新民、老莱等育种基地，初步形成了覆盖主要产区的育种基地网络，为新品种的培育和审定提供了重要支撑。

2002～2018 年，遗传发育所通过传统育种、分子育种、设计育种等技术，获得并审定（登记）新品种 110 余个，包括水稻、小麦、大豆、玉米、高粱、油菜、棉花等作物。各类作物年均新品种应用推广面积约 2035 亩，2014～2018 年优异品种累计推广辐射 10 175 万亩，创造社会经济效益 118 亿元。

此外，遗传发育所还完成了"分子模块设计育种创新体系""渤海粮仓科技示范工程"、组织器官再生、现代农牧循环生态农业、种繁养一体化等多项创新体系的搭建，实现了创新链和产业链、产业链与价值链的结合，为农民增产增收、精准扶贫开辟了新路径，为现代农业发展提供了新动力，为重大疾病诊治提供了新方法。

院省携手为东北水稻持续高产保驾护航

确保我国粮食安全，核心是口粮，口粮的重点是稻米。东北是我国粳稻主产区，黑龙江省粳稻播种面积约占全国总播种面积的四分之一。21 世纪初，利用现代农业技术，通过分子设计等新兴手段培育粳稻新品种成为突破资源环境瓶颈、挖掘黑龙江粳稻增产潜力的必由之路。

2007 年夏，黑龙江省农业科学院耕作栽培所所长来永才研究员带着嘱托和希望，到北京与中国科学院副院长、遗传发育所水稻育种专家李家洋院士，就共同培育黑龙江水稻等主要作物品种进行合作讨论。这次会谈相当成功，坚定了双方开展合作的决心。

2008 年 9 月 18 日，在中国科学院与黑龙江省的共同支持下，"中国科学院北方粳稻分子育种联合研究中心"（以下简称粳稻中心）成立了。

粳稻中心以服务东北粳稻生产、稳定和提高粳稻产量为主要目标，依托遗传发育所等中国科学院单位的优势科研力量，与黑龙江省农业科学院共同构建实用、经济、高效的分子育种技术体系，培育高产、优质、多抗的粳稻新品种，提升黑龙江省水稻单产潜力，为东北水稻的持续高产提供强有力的科技支撑。

粳稻中心得到了中国科学院和黑龙江省政府的大力支持，中国科学院首次为院省联合研究单元冠以"中国科学院"的名称，黑龙江省为粳稻中心落实了事业编制和运行经费。院地双方借该中心建立为契机，以粳稻分子育种研究为起点，逐步拓展在农业领域的合作。

2010年，黑龙江农业科学院专门从创新大厦划拨了4000平方米办公区，用于粳稻中心科技人员办公，并在大厦的辅楼规划设计了1500平方米的粳稻中心实验室。同时，在道外区民主乡的黑龙江现代农业示范区内建设了500亩高标准试验地。中国科学院通过战略先导专项支持，落实仪器设备及试验经费1000余万元，为粳稻中心科研工作的全面开展奠定了坚实基础。

粳稻中心成立11年以来，院地科研力量携手攻关，加强科技成果转化，接连选育出不少因地制宜的优良品种。粳稻中心平台与黑龙江农业科学院的育种专家联合选育出'中龙香粳1号''中龙粳1号''中龙粳2号'和'中龙粳3号'，以及'龙稻26''龙稻28'等优质、高产、多抗的水稻新品种，累计种植面积超过200万亩。

至2017年，适宜东北稻区和西北稻区种植的'中科发5号'和'中科发6号'分别通过国家品种审定委员会审定；'中科804'在黑龙江五常通过测产验收。这一系列粳稻品种抗倒伏、抗稻瘟病，整精米率高，克服了东北地区最主要优质米品种稻花香在生产中遇到的一系列问题，为黑龙江省水稻品种的升级换代奠定了坚实的基础。

在中国科学院和研究所的支持下，粳稻中心建立了一系列适合院地合作、异地科研办公、联合课题攻关的制度和体系，包括基地平台预约使用制度、人员管理制度、仪器设备异地入库使用制度、知识产权共享协议、信息使用和保密制度等，保障了该中心的良好运行。

目前，粳稻中心具备了每年接待中国科学院研究组25～30个、种质保藏能力2000份、示范面积2000亩/年的支撑服务能力，实现了水稻品种创新链的上下游结合，为适应黑龙江水稻品种的培育提供了重要支撑，也成为院地合作模式的优良典范。

2017 年 9 月，中国科学院副院长相里斌（左五）为进一步推动粳稻
中心建设，视察'中科 804'国审水稻新品种示范区

用"绣花"功夫助力西部扶贫攻坚

"坚持精准扶贫、精准脱贫"。在十九大精神指引下，遗传发育所发挥科技扶贫排头兵、先行者的作用，坚持科技引领，强化智力支撑，做到"真扶贫、扶真贫"，为全国扶贫、脱贫攻坚提供示范样板。

我国是盐碱地大国。盐碱荒地和影响耕地的盐碱地分布在西北、东北、华北及滨海地区在内的 17 个省（自治区），总面积超过 5 亿亩，其中具有农业发展潜力的占中国耕地总面积 10% 以上。同时，我国中西部地区大多干旱少雨，这是制约农作物生长的主要因素，也是西部地区贫困的重要原因。

用好盐碱地，就能给水稻、小麦等粮食作物腾出更多可耕种面积，更能改变贫困地区的现状。

甜高粱恰恰能在非常贫瘠的土地中生长，是世界上生物量最高的作物，富含糖分的秸秆单产可以达到每亩 4 ~ 10 吨，籽粒也能达到每亩 200 ~ 400 公斤。相比之下，甜高粱叶所含蛋白是玉米叶的两倍，而用水量却仅有玉米的 2/3。在作为饲料喂养牛羊的效果方面，甜高粱同样具有明显优势。

2004 年，刚刚加入遗传发育所的谢旗把培育出性状优良、适合用作饲料的甜高粱品种作为团队的研究方向之一。

团队从世界各地收集了七八百份高粱做全基因组关联分析，并用分子生物学手段找到了影响甜高粱生长的关键性状。通过反复筛选，结合现代生物技术手段，培育出能源型和多次割型的甜高粱新品种，同时也培育出耐盐型'中科甜 3 号'和'中科甜 4 号'，以及非常抗旱、可密集种植、反复收割的'中科甜 968''中科甜 438'。这些获得了国家品种权的品种具有强大的生命力，大大提升了土地利用率，并降低了当地牧民的饲养成本。

2014 年，谢旗团队跟随中国科学院对口扶贫项目来到内蒙古通辽市。通辽市地处燕山山脉丘陵地带，土质以风沙土为主；年降水量不足 400 毫米，蒸发量却是降雨量的 5 倍。在这里，中国科学院扶贫工程饲用甜高粱示范推广基地的 2500 亩甜高粱郁郁葱葱，植株平均高度在 3 米以上，而基地旁边，一大片同样土质、同期播种的玉米却因干旱而濒临绝收。

收获时节，一根根甜高粱被轰鸣的收割机切割成不足 10 厘米长的碎片，随即被小型农用裹包机打成一个个 100 多公斤的饲料青贮包，发酵后

机械化收割甜高粱（2018 年，摄于内蒙古自治区通辽市库伦旗）

即成为牛羊饲料。牛儿肥羊儿壮，科技扶贫让当地百姓坚定了脱贫致富的信心。

2018 年，中国科学院院长白春礼来到内蒙古通辽市库伦旗视察扶贫工作，给予贫瘠土地推广甜高粱种植集约化饲喂牛羊技术体系高度评价。中国畜牧协会总会会长李希荣对此扶贫项目评价道："这一扶贫示范抓对了，选在库伦旗也非常准确。甜高粱作为青贮原料非常有前景"。

目前，甜高粱新品种已在新疆、宁夏、内蒙古、河南、河北、盐城等风沙地、盐碱地成功推广。在扶贫工程攻关中，深得贫困地区干部和农牧民的肯定和欢迎。

针对我国农业和种业在新时期的新发展态势，遗传发育所紧密围绕发展定位和战略布局，打造重要生态区育种基地；瞄准未来农业的增长点，布局西部生态区育种基地；积极改善现有基础设施，推进基地网络 Ⅱ 期建设；继续探索院地合作的最佳模式，实现双赢和共赢，加快科技成果落地，促进地方经济发展，带动贫困地区的脱贫致富。

做好农业生态监测的哨兵

导读

　　1981年，中国科学院石家庄农业现代化研究所栾城农业综合试验站成立。因该站使用185邮政信箱，因此，当地人将这里称为185站。在乡亲们的眼中，185站是个充满魅力的地方：这里有能够产出吨粮田的种子、良种良法配套的农业科技经，更有打造现代化农业的好点子。经过近40年发展，该试验站立足华北平原，建设现代农业与水资源研究、示范中心，并向建设具有国际一流水平的长久性农田生态系统综合观测与研究平台目标不断努力。

　　在河北省栾城县聂家庄的麦田中，静静矗立一座四方院落，科研大楼与各种科研观测仪器坐落于此，如卫士一般守望着华北大地。这里正是中国科学院石家庄农业现代化研究所栾城农业生态系统试验站（以下简称栾城站）。

　　栾城站的建设始于1978年，为开展农业综合实验研究，中国科学院与河北省联合开展了栾城县自然资源考察和农业区划工作。1981年，中国科学院石家庄农业现代化研究所以每亩1254元的价格，划定了417.08亩的面积。1987年，试验站更名为中国科学院石家庄农业现代化研究所栾城生态农业试验站。

　　之所以选在聂家庄村，是因为它位于最缺水的海河流域，这里代表了华北平原北部的太行山山前冲积扇平原，是我国传统的重要粮、油、菜商品化生产基地和我国北方具有代表性的井灌农业类型区。

40 多年来，栾城站依托华北平原，投身科学观测与研究事业，积极探索引领性的农业资源高效利用的应用基础研究、技术研发集成与示范，探索可持续的区域农业现代化发展模式，积累了大量科学数据，并做出了具有国内外影响力的科研成果，为华北平原的社会、经济与环境协调发展做出了重要贡献，也为我国农业现代化建设提供了强有力的科学支撑。

栾城站中的养分试验池

从华北平原焦点问题出发

20 世纪 50 年代，栾城县的农民只要浅刨地表两三米，就有涓涓水流灌溉庄稼。40 多年后，人们必须打深井，到地下三四十米才能见到水源。

作为我国重要粮食产区，华北平原自 20 世纪 70 年代改进灌溉技术，使得农业产量大幅提升。但粮食的高产主要依赖地下水灌溉，造成了地下水超采，区域性地下水位持续下降，华北平原面临着严重的地下水危机。

以 1984 ~ 2008 年为例，仅河北省由于灌溉获得的粮食增产效益就高达 1.9 亿吨，相应的净地下水消耗量为 1390 亿立方米。河北中南部平原地区的区域平均地下水位下降达 7.4 米，局部地区达 20 米。

我们是否还要继续以地下水的高消耗来换取有限的粮食产量？短期内

农业发展与地下水资源不可逆的消耗带来的巨大危机孰轻孰重？

这些问题的解答就是栾城站肩负的任务：瞄准农业生态学的国际前沿和国家粮食安全、水资源安全的需求，围绕华北平原地下水超采区的可持续发展和生态环境问题，开展区域农业生态系统结构、功能及其演变过程的长期综合观测。

经过多年观测与积累，栾城站的科研人员围绕如何用好华北平原地下水做出一系列成果。

通过国家"863"项目"华北半湿润偏旱井灌区节水农业综合技术体系集成与示范"，科研人员将示范区灌溉水分利用率由原来的 70% 提高到 85%，作物水分利用效率由 1.41 公斤每立方米提高到 1.98 公斤每立方米，产值提高 26%。该成果有效地提高了农田水分利用效率，并遏制了地下水超采。

研究成果仅在河北省三河市项目区就推广 24.4 万亩，实现节水 4976.5 万立方米，增产粮食 4572.9 万公斤，对同类型区发展优质、节水、高效农业起到了示范和带动作用。这项工作 2006 年荣获河北省科技进步一等奖，2007 年荣获国家科技进步二等奖。

氮肥的施用增加了土壤肥力和作物的产量，但过量施用氮肥既造成严重的氮素损失，又引发一系列环境问题，已成为我国农业生态系统中所面临的严重问题之一。

对此，栾城站科研人员自建站初期就选取典型的旱地农业生态系统——华北平原的小麦－玉米产区，分别在夏玉米和冬小麦两季采集土壤样品，建立了 8 组与氮素有关的长期定位试验，探究了农田氮素转化与调控机制，量化了华北冬小麦－夏玉米轮作农田氮素过程通量，提出了氮控失技术措施，为阻控地下水硝酸盐污染提供了新的理论依据与技术方法，提出了作物高产与环境保护相协调的农田氮素综合管理策略。

一项项成果获得了国家和省部级的奖励。据不完全统计，自 1981 年建站以来，栾城站共有 46 个项目获得奖励，获得奖项 52 个，其中国家奖 8 个，省部级奖励 43 个。

积累科学数据，上线共享

农田养分循环与平衡研究是栾城站建站后开展的第一项长期试验研究。

栾城站利用积累 40 年的定位实验数据，针对华北太行山前平原以栾城县为代表的高产区土壤养分变化与平衡进行探索。至今，栾城站已全面获取了在土壤、作物、近地面大气三个层面的养分循环参数及较为准确的数量特征。由点到面、由试验示范到大面积推广应用的节水节肥技术成果，为高产区农业可持续发展提供了重要依据。

随着科技发展的需求，栾城站里添置了很多用于观测和研究的新科学装置。在栾城站院内绿油油的农田里，一口酷似水井的装置格外显眼，这是中国科学院野外台站重点科技基础设施建设项目——"厚包气带水文生物地球化学循环试验平台"。

该设施面向当前国内外普遍存在的地下水超采问题，为包气带增厚条件下，地下水垂向补给、污染物迁移规律和风险以及农业生态系统管理等前沿问题的解决提供试验支撑。该设施将于 2019 年底竣工并投入使用，届时将成为国内外第一个农田生态系统厚包气带水文生物地球化学物质迁移与转化的观测平台，为国内外科研机构提供观测数据及服务。

栾城站里聚集了不少类似的设施和仪器设备，积累和提供系统的科学数据，为我国生态环境保护、资源合理利用和可持续发展提供技术和数据等方面的支撑。目前，栾城站长期生态要素监测数据资源共 4 大类 112 个子数据集，共整理和保存土壤样品 11 大类 23 300 多个。走进土壤样品贮藏室，可以发现 30 多年前的土壤样品。

1988 年，栾城站加入中国生态系统研究网络（CERN），1999 年成为全球陆地生态系统观测网络（GTOS）成员，2005 年成为国家生态系统观测研究网络（CNERN）台站。

作为 CERN 生态网络云平台的首批试点站，栾城站已完成全部资源整理和数据库建设任务并正式上线运行。目前栾城站的生态要素监测数据、

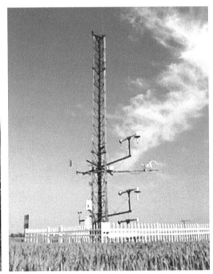

实验站内的部分科研设施：农田小气候及涡度相关（右）和
Geoprobe 地质采样机（左）

实物资源汇交数据、行政资源汇交数据均可实现网络查询，实现了 100%
无故障运行。

　　科学数据共享既有效避免重复投入，又提高了其他科研机构、高校科
技工作者的工作效率。目前，栾城站信息系统上网共享数据量占数据总量
的 70%，其中生态系统水土气生观测数据 100% 网上共享，整编的历史数
据集 100% 共享，20% 数据是科研项目（课题）数据。

　　坚守得到了认可。在中国生态系统研究网络（CERN）2006 ~ 2010
年综合评估中，栾城站获得"优秀野外台站"称号。

示范推广，服务地方

　　自建站以来，栾城站以服务农业、服务地方为宗旨，积极探索农业现
代化道路与关键技术，取得了一系列有影响力的成果，为推进区域农业乃
至全国农业现代化发展起到积极作用。

　　在栾城东牛村的天亮合作社里，一片片紫色彩麦引人注目。这是由张
正斌课题组历时 10 年培育的优质特色小麦品种'紫优 5 号'。该品种富含

花青素，具有较强的抗氧化功能，而且营养丰富、色彩诱人，经济效益达到普通小麦的 4 倍。'紫优 5 号'为当地农业供给侧改革、发展营养功能农业、发展绿色提质增产增效现代农业提供了典型范例。

为农业提供优质种子，在栾城站早有历史。20 世纪 90 年代，钟冠昌课题组将栾城站里的工厂改为实验室，并在那里培育出'高优 503'优质小麦新品种。该品种是面包型小麦新品种，产量达 400 ～ 500 公斤／亩，如今已在全国 10 余个省份推广，累计种植面积近 2000 万亩，增加产值超过 10 亿元。李俊明课题组的'科农'系列小麦新品种已成为黄淮冬麦区的主栽品种之一，得到商业转化和大面积推广。

现在，栾城站的设施农业技术、农村新能源技术、节水农业技术、平衡施肥技术、信息农业技术等研发与区域示范相继开展。

立足新时代历史起点，河北省农业定位从服务全国粮食安全科学调整至服务京津冀需求上来，如何合理计划和安排农业生产规模，引导农业发展由注重产量向"节水提质增效"转变，实现农业供给侧结构性改革成为当务之急，栾城站也为此建言献策并提供智慧支撑。

沈彦俊作为河北省政协委员，以栾城站长期监测和定位研究数据为支撑，客观分析了造成河北农业生产过剩、结构不合理的原因，并提交了"关于促进农业供给侧结构性改革的建议"。相关建议被纳入《河北省农业供给侧结构性改革三年行动计划（2018—2020 年）》和《农业财政专项资金优化使用方案》，促进了河北省农业提质增效转型发展政策的制定。

栾城站是联合国粮农组织"全球陆地生态系统监测网络（GTOS）"的成员单位，是美国马里兰大学、日本国际农业研究中心的基点站之一，与日本千叶大学、东京大学、筑波大学合建了华北 N38 生态样带的水文资源长期动态监测网络，成为有国际影响力的长期生态学观测平台。

栾城站建站近 40 年来，从提高粮食产量的国家需求出发，聚焦集成实用农业技术，建成全国首批吨粮县，实现冬季温室蔬菜生产供应；从农业高产优质和资源高效利用的需求出发，集中力量研究生态农业的相关技术和机理，研发秸秆还田技术与机具，彻底解决河北平原焚烧秸秆问题；

面向水资源匮乏矛盾和农业面源污染控制等需求，研发水平衡与适水种植制度、土壤碳氮循环与污染原位控制技术，为农业资源高效利用和可持续发展提供重要支撑。

　　未来几十年，我国农业发展将进入全新时期，新时代呼唤高质量的绿色农业转型，针对农业供给侧结构性改革需求，栾城站组织科研力量开展农牧结合全食物链营养循环管理的研究，在优质牧草种植，畜禽废弃物资源化利用，农牧系统面源污染机理与防控途径等方面开展研发，为扎实推进结构调整、理顺产业结构、农产品提质增效继续贡献科技力量。

"分子模块"

开启中国设计育种新篇章

导读

　　保障粮食安全是治国安邦的头等大事。正如习近平总书记所强调的："中国人的饭碗任何时候都要牢牢端在自己手上，我们的饭碗应该主要装中国粮"。* 然而，我国有近 14 亿人口，要端牢自己的饭碗并非易事，我国粮食安全仍面临重重挑战。保障粮食安全的关键在于育种科技创新，要从根本上改变过去种业发展的不利局面，做大做强种业，需要从源头上开展生命科学前沿理论和育种核心关键技术的创新。

　　2013 年，依托遗传发育所，整合农业生物学和育种领域优势力量的中国科学院战略性先导科技专项（A）"分子模块设计育种创新体系"（以下简称先导专项）应运而生。

　　5 年来，从"分子模块"到"品种设计"的现代生物技术育种创新体系逐渐建立。中国现代种业新局面的序幕正徐徐拉开。

新时代呼唤突破性育种创新体系

　　过去数十年，我国育种专家们培育了大量高产优质品种，为解决 13 亿人口吃饭问题做出了巨大贡献。但是，近年来主要农产品的产量和品质都处于一个徘徊不前的局面，难以满足我国粮食安全的需求。常规育种面临育种周期长（一般需要 10 年以上）、遗传改良效率偏低、遗传背景狭窄

---

* 引自 http://opinion.people.com.cn/n/2014/0107/c1003-24039909.html。

等瓶颈问题，而转基因技术主要针对少数单基因控制的性状改良，难以培育针对复杂性状改良的突破性新品种。因此，提高育种科技水平，发展新一代育种理论和技术体系是现代种业发展的迫切需求。

目前，科学家已形成共识：一个基因（技术）就是一个产业，这些新兴产业发展将在未来农业生物改良中获取巨大的经济效益。而我国原始创新、集成创新能力不够，远无法满足新一代复杂性状分子设计育种目标的需要。

作为农业生物领域的"国家队"，拥有深厚科研基础和辉煌历史的遗传发育所，有使命和义务担当重任，凝聚一批团队，挑起育种科技创新的"大梁"。

21世纪初，基因组学、系统生物学、计算生物学、合成生物学等新兴学科迅猛发展，为解析生物复杂性状的遗传调控网络带来了机遇，也为设计育种技术创新奠定了科学基础。遗传发育所的科学家们抓住战略机遇，通过近两年的调研，以及对分子育种领域相关重要项目进展进行总结与凝练，历经反复摸索酝酿，最终提出，未来的农业关键在"分子模块设计育种"。

分子模块是功能基因及其调控网络的可遗传操作的功能单元。由于复杂性状是基因与基因、基因与环境互作的产物，多数农艺（经济）性状受多基因调控，并具有"模块化"特性。通过综合运用前沿生物学研究成果，最终可实现复杂性状的定向改良。分子模块育种被看作是一项前瞻性、战略性研究，是生命科学前沿科学问题与育种实践的有机结合，是引领未来生物技术发展的新方向。

2013年1月7日，"分子模块设计育种创新体系"实施方案通过现场答辩。4个月后，中国科学院院长专题办公会审议并通过了拟启动的A类先导专项"分子模块设计育种创新体系"的实施方案和组织管理方案。2013年8月，先导专项正式启动实施，薛勇彪研究员任首席科学家。

育种科技进入国际前列

先导专项凝聚院内外31家单位的育种核心力量，共2300余人参与，组建了近 100 支核心育种技术创新团队。

专项启动来之不易，队伍规模宏大，机遇和挑战并存，实现专项预期成果更是充满了未知和挑战。这注定是一场"攻坚战"。

从一开始，先导专项的定位和目标就很明确，要做的事情也很清晰。

针对我国粮食安全和战略性新兴产业发展的重大需求，以水稻为主，小麦、鲤等为辅，解析复杂性状分子调控网络，阐明其互作效应，获得 16 ～ 20 个具有重要育种价值的分子模块和 12 ～ 15 个主效分子模块系统，建立模块耦合组装的理论和应用模型。实现高产、稳产、优质、高效多模块的有效组装，培育水稻、鲤等产量显著提高的初级模块设计新品系（种）10 ～ 15 个，创建新一代超级品种培育的系统解决方案和育种新技术，为保障我国粮食安全提供核心战略支撑。

5 年来，从基础探索、技术研发到品种设计，依托先导专项，我国农业育种领域取得了诸多突破性的成果。

——构建水稻等作物分子模块育种"辞海"。针对常规育种导致品种间遗传多样性狭窄等问题，科研工作者解析了 5300 份水稻种质材料的基因组信息，获得了 180 个性状的表型数据，揭示了 13 500 个基因的遗传变异信息及其与表型的关系，获得数十个有重要育种价值的分子模块，为分子模块设计育种奠定基础。

其中，诸多含有水稻理想株型模块 IPA1 的品种通过国家或地方审定，氮高效模块 NRT1.1B 实现氮肥减半、产量不减。

——建立了复杂性状多模块协同互作理论。科学家们针对复杂性状多基因控制的关键科学问题，解析了水稻生长与碳—氮平衡协同作用新机制；针对世纪挑战之杂种优势分子基础，系统鉴定控制水稻杂种优势的主要遗传位点，解析水稻杂种优势 16 个核心产量模块协同机制，为分子设计育种提供了新策略。

利用该协同互作理论，科学家们培育获得了 30 个聚合多模块的设计型新品系，其中 3 个新品系已于 2018 年通过国家新品种审定。

——建立分子模块设计育种技术体系。科学家们针对我国作物主产区的主要问题，以水稻为主，小麦、鲤等为辅，完成1000余份底盘品种与主栽品种的全基因组扫描，明确底盘品种基因型和遗缺的分子模块，制定最佳育种策略，有针对性地改良新品种。

实践证明，科学家们导入抗稻瘟病及理想株型等分子模块，育成单、双模块和多模块'中科804''中科902'和'嘉优中科'系列等9个水稻品种，产量较对照品种增产6%～19%。针对黄淮麦区小麦品种品质差、抗性弱的现状，科学家们培育出多模块国审品种'科农2009'，将有望成为黄淮麦区的主推品种。

——建成高通量分子育种共性技术与基地网络体系。针对分子育种中高通量共性技术缺乏、转化效率偏低等难题，科学家们研发了作物高通量无损表型与基因型分析技术，形成了"分子育种基地研究网络"综合支撑服务体系，推动了分子育种生物技术的快速发展。

"水稻高产优质性状形成的分子机理及品种设计"荣获2017年度国家自然科学奖一等奖。多项成果入选2015年和2017年中国生命科学十大进展以及2016年和2018年中国科学十大进展。

种种"战绩"获得国际认可。《自然》《细胞》和《科学》等顶尖国际学术期刊纷纷发表专题评述文章，高度评价相关成果的重要意义。

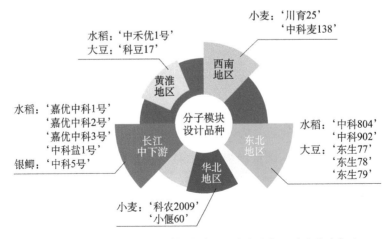

"分子模块设计育种创新体系"先导项目育成的新品种已覆盖我国
主要农业生产区域

在先导专项的推动下，我国在现代育种理论研究的部分成果已走在世界前列，一些技术应用正追赶着世界先进水平。

走向"精准设计"育种之路

今年，先导专项顺利收官。不仅超额完成预定目标，遗传发育所还探索了一套科学合理的管理体系与充分激发科研人员创造活力的体制机制，培养了一大批人才，建设了一系列高水平的科研平台，开拓了科学家们的思路和视野。

事实上，在设计先导专项实施方案时，如何探索新的机制体制和科研组织模式，以更好发挥科学院队伍优势，实现重大科技成果的产出，以及取得一定示范作用等问题，是先导专项工作组在组织管理实施方案中重点考虑和希望解决的。

在科研评价体系创新方面，以重大产出为核心，考核评价也以"成果"为标准。先导专项团队提出了"模块育种专家说了算、品种农民说了算、育种技术行业说了算"的新的科研评价体系和标准。

另外，先导专项组建协同攻关团队，探索出与院外育种优势团队和种业企业有效合作的机制。创新科研组织模式，先导专项充分发挥中国科学院建制化和开放合作机制优势，建立了从国家重大需求中凝练科学问题的科研组织模式范例。

"先导专项是中国科学院农业方向最大的项目，研究所承担先导专项以后发生了质的变化，包括科研、管理，这段时间也是研究所发展的一个重要时期。"先导专项首席科学家薛勇彪总结道。

先导专项还造就了一支能攻坚克难的农业育种科技创新的中坚队伍和后备力量。先导专项实施期间，共有4位科学家（韩斌、桂建芳、曹晓风、种康）入选中国科学院院士，11人获国家杰出青年科学基金资助，共培养博士后102人、博士生842人、硕士生488人。

种子是农业的命脉，育种理论与工程化技术是种业发展的"卡脖子"科技问题。未来，产业的竞争是科技储备与供给能力的竞争。

"分子模块"是中国科学家自己提出的理论，通过先导专项的布局，中国科学院在分子模块设计育种科技体系方面开展了很好的前瞻性、针对性和储备性战略研究，并取得了显著成效。

不过，科研工作者们要清醒地认识到"关键核心技术是要不来、买不来、讨不来的"，依然要"敢于走前人没走过的路，努力实现关键核心技术自主可控，把创新主动权、发展主动权牢牢掌握在自己手中"。

未来，要满足农业未来产品发展对育种科技的需求，分子模块设计育种科技体系的发展必须注重融合合成生物学、设计育种大数据和设计育种智慧管理等领域最新研究成果。

2019 年 5 月 6 日，先导专项顺利完成"毕业答辩"。专项总体验收专家组对专项整体实施、成果及影响给予高度评价，认为该专项协同院内农业和生命领域的多家优势单位，在抢占世界育种科技前沿、满足国家重大需求、服务国民经济主战场、引领产业升级发展方面，取得一批重大进展、产出了一批有影响力的科技成果，发挥了科技先导的引领作用。

与此同时，育种领域新的先导专项也正式立项启动，这一次，在摸清分子模块的基础上，开始走向"精准设计与创造"之路。

未来，精准设计育种是世界农业育种发展的制高点。科学家和育种专家希望了解某个稻区的水稻品种、亩产、株高、粒数、口感等指标，以及知道了这些指标由哪些基因控制后，实现这些基因聚合并培育出新的人们想要的品种。

李家洋表示，精准设计需要两个前提条件，一是明确控制性状的基因及其调控机制；二是掌握基因操控的相关技术手段。除此之外，科学家们越发认识到，农艺性状是由基因与环境互作形成的，因此环境影响基因表达调控的机制也亟待解析。

而这些都是种子精准设计新先导专项要攻克的难关。凡是过往，皆为序章。科学永无止境，探索永远在路上。科学家们已整装待发，准备好迎接新一轮的挑战。

"让中国人的饭碗装满中国粮"

导读

　　一粒种子可以改变世界，谁拥有突破性的创新品种，谁就拥有种业竞争的主动权。作为中国农业科技创新的"火车头"，遗传发育所有责任承担起"育出一粒好种子""保障国家粮食安全"的重任。遗传发育所成立中国科学院种子创新研究院，本身就是一件从"0到1"的工作。这不仅是为"有自由的思想和创新产出"创造条件，也是在中国种业创新突破的关键时点，种上一颗希望的"种子"。

　　放眼全球，世界种业正朝着高技术、高投入、全球化的趋势迅速发展。

　　一方面，生物技术正在改写传统种业的游戏规则。现代育种集高通量、规模化、工厂化、信息化特征之大成，由此催生出的新一代育种技术——分子设计育种技术是科技发展的必然趋势。

　　另一方面，种业资本迅速集中，逐步形成技术和资源垄断。孟山都、杜邦先锋等世界十大跨国公司规模已达2100亿美元，占据全球市场份额的75.3%。在种业科学研究方面，美国、日本等国家及大型跨国种业公司投入巨资开展农业动植物基因组研究，并取得大量先进技术和知识产权，形成了巨大的竞争优势。例如，2013年杜邦先锋公司育出的'先玉335'，单个品种占玉米种子行业40%～60%的份额。

　　立足本土，种业是国家战略性、基础性核心产业，也是国民经济主战场的关键要地。种子创新已成为保障国家粮食安全和农业可持续发展的根本。据估计，到 2030 年，我国人口将达到 16.5 亿。满足吃饱的刚性需求和吃好的小康需求，提高我国粮食生产效率，并在生态环境、气候变化、水资源缺乏、病虫害等因素约束下持续提高增产潜力十分紧迫。

然而，国内种业"产学研用"不能无缝对接，创新链与产业链不能相互贯通，成为国内国外种业最根本的差别。导致国内最大的种业公司市场份额竟不到 5%，中国人的饭碗里装的大部分是外来粮，粮食安全难以保障。

保障粮食安全是治国安邦的头等大事，中国人要把饭碗端在自己手里，而且要装自己的粮食。当前，农业育种已成为增强农业国际竞争力，抢占未来农业发展国际制高点的关键。

"孕育"

中国科学院作为科技国家队，必须在时代发展中走在前列，在科技领域做出独特性的和突破性的成就。而作为中国农业科技创新的"火车头"，遗传发育所有责任和义务担起"育出一粒好种子""保障国家粮食安全"的重任。

2014 年 7 月，为响应国家主席习近平对中国科学院提出的"四个率先"的号召，中国科学院启动实施了"率先行动"计划，以研究所分类改革为突破点实行"四类机构"分类改革，目的是清除各种有形无形的栅栏，打破各种院内院外的围墙，让机构、人才、装置、资金、项目充分活跃起来，形成推进科技创新发展的强大合力。

遗传发育所看到了中国种业创新突破的机会，决定成立种子创新研究院（以下简称种子创新院），整合中国科学院内外农业科技创新和产业界优势力量，以种子创制和产业化为主要任务。

当"领头雁"，遗传发育所牵头建设种子创新院，凭借的是深厚的学术基础和广泛的影响力。例如，通过实施战略性科技先导专项——"分子模块设计育种创新体系"，中国科学院在分子设计育种理论体系创建、作物复杂性状解析等研究领域步入国际先进行列；引领设计育种、微咸水安全灌溉和农田多水源高效利用技术体系；带领中国科学院生命科学领域相关研究所开启设计型新品种和主导品种的升级换代。

2014 年申请，2017 年启动筹建。遗传发育所所长、种子创新院执行院长杨维才坦承："事实上，建设种子创新院是一个漫长的过程，甚至起初给研究所带来了疑惑，也让科研人员感到困扰。改革，首先要从认识上改变。我们要打破原有研究所的界限，在理念上进行种子的全产业链布局；在组织方式上要与产业需求紧密结合，服务国家战略。更重要的是，种子创新院要做从'0 到 1'的工作，有自由的思想和创新产出。"

"萌芽"

现实很严峻，目标也很明确。但种子创新院究竟应如何进行定位和布局？科研队伍如何组建？这些问题，似乎并未达成一致。

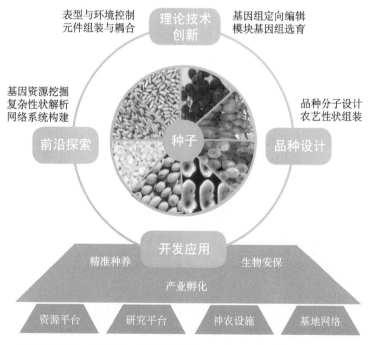

种子创新院构建完整种业科技创新链，产出分子育种新理论、新技术、新品种

2017 年 3 月 1 日到 3 日，中国海南。一场关于"如何建设种子创新研究院"的激烈讨论持续了 3 天，有争论，但最后大家达成了共识。李家洋院士表示，种子创新院应将目标凝聚到为农业育种领域做前沿性、开创性科学贡献，为种业产业发展提供引领性关键技术和示范性品种上来，进一步凝练和聚焦研发重点方向，构建适合不同学科技术体系结合、上下游紧密结合的研究团队，切实下大力量建设强有力的支撑保障基地、改革评价体系，促进与种业领域各机构和团队的共赢合作，使创新院真正发挥农业育种产业科技创新国家队的核心作用。

回到北京，遗传发育所便紧锣密鼓地投入编制具体方案上，后经学术咨询委员会、中国科学院深化改革领导小组等专家反复研讨修改。2017 年 11 月 16 日，中国科学院院长办公会通过了种子创新院的实施方案，种子创新院正式进入筹建期。

种子创新院的定位和布局很明确：

第一，针对我国新时期粮食安全和农业可持续发展的重大需求，种子创新院以种子创制和产业化为主线，构建"理论创新—技术集成—设计育种—产业孵化"的创新链。未来，希望建设成为设计育种理论、核心技术和品种创新的国际一流研发机构，成为国家农业科技的战略力量，引领种业创新发展，为实现农业工业化作出重大贡献。

第二，针对种业发展的短板和不足，种子创新院构建从理论创新、技术研发到成果转化的全产业链发展模式。布局 4 大研究环节，包括基因资源挖掘、复杂性状解析、网络系统构建的前沿探索，多基因耦合理论与计算模拟、基因组定向编辑和模块基因组选育的理论技术创新，品种分子设计和农艺性状组装的品种设计，以及种子健康生产技术体系、精准种养技术集成和基地示范与产业孵化等开发应用。

第三，预期在种子创新院正式投入建设的五年内，完成团队和大科学设施建设，建成品种设计与示范基地网络，培育设计型新品种 30 个，辐射面积 1.5 亿亩，经济效益达 150 亿元。

"光合作用"

种子创新院本身就是一场科技机制体制改革尝试。在种业领域，什么样的建设方式、体制机制才能保障研究的顺利开展和重大成果产出？这是种子创新院的管理层以及所有科研人员共同关心的事情。

创新院盘活全国优势力量，按照"总部＋分部＋基地网络"模式组建。依托遗传发育所建设总部，以国家重大任务为牵引，神农大科学设施为推动，统筹总体规划设计和综合管理；按照区域代表性、资源特色和优势设立华东、华中和华西分部。总部牵头组织建设和运行基地研究网络，支撑创新院总部和分部的研究、示范和产业孵化工作。

而在科研组织方式上，种子创新院也进行了全新探索。

过去，科研组织管理模式一直实行课题组长（PI）制。其优势是 PI 对自己的科研项目有相当的主导权和指导权，使得科研过程少受干扰，可充分调动科研人员的积极性。但其不足同样突出，单一研究组过于独立，研究相对分散，不利于聚焦重大问题的合作攻关。

协同创新是种子创新院要走的路。在顶层设计科研组织方式时，种子

2019 年 3 月 14 日，中国科学院副院长、种子创新院理事会理事长
相里斌（右）和遗传发育所所长杨维才（左）为种子创新院揭牌

创新院打破原有单一研究组形式，按照总体定位和目标，集中领域优势力量，组建团队协同攻关，推行贯通上、中、下游的研发团队为运行单元的模式。同时，配合该模式，围绕种子产业链系统构建完整的创新价值链，优化运营管理和评价机制。

如今，通过采用定向委托和定向择优两种方式进行遴选，2018 年首批创新团队已诞生，围绕前沿科学推动产业化、核心技术孵化新兴产业、学科交叉推动精准农业、重大设施和平台建设四个方面组建了 27 支团队。

研究团队由具有研究方向引领和重大任务协调能力的高水平首席科学家领衔，组织若干在基础研究、应用基础与新技术研发、品种培育与产业孵化等方面具有突出实力的研究骨干组成。充分组织和整合中国科学院 20 余家生命科学类及资源类科研院所的优势资源，同时通过外聘制度融合国家和地方农业科学院、国内外高校和龙头企业的人力资源，实现机制和体制的创新。

在种子创新院，"只做事不养人"。

对科研人员进行物理整合与岗位双聘制相结合，实质性整合优势力量，同时可在原单位保留优势学科，利于适应国家未来重大需求的发展变化。

那么，如何凝聚人心、凝聚力量？对于科研人员最关心的经费和资源问题，种子创新院必须有新的思路：以国家重大任务为牵引，以分子模块设计育种（A）类先导专项为基础，衔接"种业自主创新工程"等国家重大专项。

种子创新院一方面调整优化研究所的存量资源，并倾斜支持团队组建和运行；另一方面积极发挥国家智库的引领作用，推动国家重大科研项目的立项，并以创新研究团队的形式承接更多国家重大科研任务，同时充分调动利用地方和企业资源，提升种子创新院的资源综合利用效益。

"分蘖"

培育一颗种子，只在实验室研究还不够，在智能大数据时代，完善的基础设施和研究平台是构建未来精准农业技术体系的必备。

针对区域农业的特点和品种研发的要求，种子创新院在全国范围布局了以六个核心育种基地为节点，十余个网络基地为触角的基地网络，构成"中国科学院分子育种基地研究网络"。目前在可以四季开展种子研发的海南三亚崖州湾南繁科技城，正在建设着中国科学院海南种子创新研究院。通过精准设计育种体系和高标准农田设施的完善，这里将成为国家"南繁硅谷"的核心。

"自然条件难以控制，我们需要在不同的可控环境下，通过高通量、大规模基因和表型的数据采集，实现对作物的'人脸识别'，解析作物不同基因型和表型的关系，这需要大科学装置来实现。"神农设施建设科学团队负责人、遗传发育所研究员陈凡说。经过广泛的国际调研，未来农业的"国之重器"——国家作物表型组学研究（神农）大科学设施已经开始"浮出水面"，从图纸变为现实。

这将是中国在国际种业竞争杀出一条路的"利器"。

面对国家粮食安全、供给侧改革、农业工业化的变革时代，种子创新院深知机遇难得，但挑战维艰。众多"卡脖子"问题的背后是原始创新不足，种子创新院立足未来，重点聚焦源头创新，探索未知和颠覆性新技术，引领中国现代农业领域的长远发展。

第三部分

管理创新

Management Innovation

　　一些陈旧的、不结合实际的东西，不管那些东西是洋框框，还是土框框，都要大力地把它们打破，大胆地创造新的方法、新的理论，来解决我们的问题。

——李四光

汇聚一流人才

导读

"国以才立，政以才治，业以才兴"，人才是发展的第一资源。遗传发育所自 1959 年建所以来，经历了人才匮乏的建国初期、青黄不接的八九十年代、人才竞争激烈的 21 世纪。各级领导班子一直坚持把关键人才引进来、留得住、用起来，营造"充满阳光、肥沃土壤"的科研创新生态，培养了一批高水平科技领军人才和拔尖人才。

拥有一大批创新型优秀人才，是国家创新活力之所在，也是科技发展希望之所在。源源不断地产生一流的科研成果，源源不断地培养出一流的科技人才，这是一个科研机构引以为傲的地方，也是大国崛起过程中迫切需要科研机构承担的使命。遗传发育所在发展过程中，始终把人才队伍建设作为工作的核心。

20 世纪 90 年代初，研究所学科建设滞后，科研人员存在断层，年轻的科技带头人寥寥无几，用一个词语概括就是"青黄不接"。四个字的背后，折射出的是焦灼。

如何破除困境？遗传发育所几届领导班子行动起来，瞄准学科布局，充分用好中国科学院"百人计划""海外高层次人才引进计划"等政策，将海外一批高级人才吸引回来，将研究所发展推入了快车道。

守初心，矢志报国

20 世纪 90 年代初，国家对于吸引海外留学人员归国，相关支持政策尚不丰富，力度也比较有限。但研究所没有等、靠、要，用赤诚与热情向怀揣着科技报国的人才抛出橄榄枝。

那个时期，国内外的差距十分悬殊，科研条件差别大、科研环境差别大、科研收入差别大、生活条件差别也是巨大，留学人员似乎在海外发展才是上策。

1984 年赴美留学的李家洋在出国时就立下了学成后归国报效祖国的初心。正当李家洋在美国康奈尔大学完成博士后研究准备回国时，有位留学人员向他分享经验——国内还不具备植物分子遗传学研究的先进科研条件，是否回国应该慎重考虑。这让李家洋有了犹豫。

犹豫过后，李家洋重新审视了自己的选择：回国的初衷不能变。恰逢时任遗传所副所长的朱立煌在美国访学，对李家洋发出了诚挚的回国邀请。这让李家洋更加坚定了自己的初心。1994 年，他回到遗传所，在 30 多平方米的实验室里开启了新征程。当时，遗传所、国家教委的优秀留学生启动资金和中国科学院优秀归国留学生启动资金总经费支持不到 10 万元，李家洋就是利用这笔启动经费开始了实验室的建设。

同样，原发育所所长孙方臻也在祖国需要的时候回来了。20 世纪 90 年代初，发育生物学逐渐发展为生命科学的带头学科之一。远在英国剑桥大学的孙方臻写信给中国科学院领导，建议我国大力发展发育生物学，加紧部署干细胞领域的前沿研究。这份科技报国的决心赢得了中国科学院领导的关注和多方支持。1994 年，年仅 32 岁的孙方臻回国，并很快被委任为发育所所长。

当时科研条件十分艰苦，例如，二氧化碳气体质量不过关，对胚胎和干细胞的培养存活率等影响很大；实验必需品难以订购或者订购时间太长等。这些都极大地增添了科研工作的难度。时任中国科学院副院长周光召对这些情况表示了关切，特批 31 万美元用于为分子发育生物学开放实验室购买仪器。从研究所到科学院的相关单位都为实验室的建设奔走起来。

"中国的科学发展到了关键时期，迫切需要一批优秀的青年人才回国"。这一时期，研究所迎来了多名像李家洋、孙方臻一样矢志报国、不计报酬的青年人才，对研究所的学科建设、成果产出、学生培养等方面起到了有效的引领和促进作用。他们相继被委以重任，带领研究所大步向前。

为人才，不拘一格

1994 年，为了解决我国高层次人才"断层"和"出国潮"导致大批优秀人才滞留海外等问题，中国科学院率先推出了面向海内外的人才计划——"百人计划"，以每人 200 万元的资助力度从国外吸引并培养百余名优秀青年学术带头人。

1994 ～ 1997 年是"百人计划"的起步探索阶段，资助名额有限。1998 年，中国科学院"知识创新工程"试点启动，部署了一批新的科技生长点，国家加大投入，"百人计划"每年引进人才数目由 20 人左右扩大到 100 人左右。

研究所关注重点学科、重点领域的人才，注意培养学科带头人。这一阶段，研究所领导班子利用海外学术交流的机会，宣传引才引智政策，引进的人才从数量到质量都走在了全院的前列。

在人才引进过程中，研究所一贯秉承"只要符合学科和研究所的发展，引才可不拘一格"的原则。这恰恰与 2018 年习近平总书记提出的引人政策不谋而合——符合实际，坚持需求导向，把人才工作做扎实。*

2004 年，遗传发育所领导班子决定引进在美国洛克菲勒大学刚刚获得博士学位的王秀杰，以加强研究所在生物信息学领域的研究。王秀杰回国时仅 27 岁，这意味着她成为了中国最年轻的女性博士生导师。

一石激起千层浪。"27 岁女博导"迅速成为热议话题，有人认为这是急功近利、草率行事，也有人认为是人才选拔标准降格了。面对社会上的各种质疑和压力，研究所的领导班子和管理团队没有丝毫犹豫和怀疑，坚持自己的选择——以标准选人才，以开放对人才。

事实证明，遗传发育所的人才甄选经得起检验。三年内，不满 29 岁

---

* 引自 http://www.wenming.cn/djw/djw2016sy/djw2016sytt/201809/t20180917_4833069.shtml。

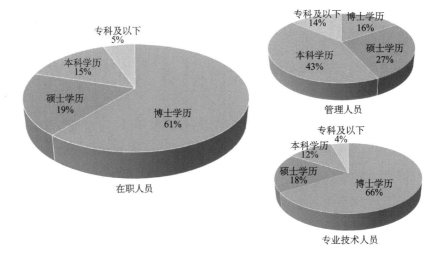

遗传发育所人员学历结构

的王秀杰获得"国家杰出青年科学基金"资助；36 岁时她成为国家重大科学研究计划首席科学家；39 岁时入选"万人计划"科技创新领军人才；40 岁时当选中国共产党的十九大代表。

良好的科研氛围还吸引了外籍科学家的加盟。通过国家"海外高层次人才引进计划"，遗传发育所于 2011 年引进了英国阿伯丁大学 John R. Speakman 教授，一方面为研究所扩充新的研究领域，另一方面让具有不同文化背景的科学家汇聚在一起，更有利于科学思想的碰撞。但是，新的挑战也随之而来。因为当时政策的限制和中西思维方式的差异，John R. Speakman 的科研经费差点面临断档。如何让外籍科学家适应国内科研环境，快速开展科研工作呢？

研究所倾尽全力，从实验室的建设到课题经费申请，从研究团队组建到人才项目及奖项申报等，研究所管理团队为其提供全方位的支持。在多方努力下，John R. Speakman 荣获 2015 年度中国科学院国际科技合作奖，成功入选王宽诚率先人才计划"卢嘉锡国际团队项目"，及时获得了该项目支持的科研经费，使其团队从此走出困境，打开了科研新局面。2016 年，John R. Speakman 入选美国科学促进会会士；2018 年，当选为英国皇家学会会士。

　　根据统计，研究所先后引进 48 名"百人计划"人才，其中 20 名终期评估获得"优秀"，优秀比例达 42%，大大超过了全院平均 20% 的比例。

迎挑战，自我革新不停歇

　　2010 年以后，高校"2011 计划""双一流"建设启动，遗传发育所人才引进工作面临新困难、新挑战。各高校大幅提高引进人才待遇，与遗传发育所激烈竞争优秀人才资源，导致遗传发育所引进青年学科带头人的工作举步维艰。

　　经过反复调研论证，领导班子和管理团队决定对人才引进工作进行改革。

　　首先，提高科研启动经费。把原本 200 万元的科研启动经费提升至 1000 万元，由国家人才计划、中国科学院、遗传发育所、国家重点实验室共同投入。经费分 5 年使用，可进行设备及试剂购置、团队建设等。

　　其次，提高人才待遇。遗传发育所设立高层次人才协议薪酬制度，加强科技领军人才和拔尖人才的激励与保障。在薪酬分配、岗位职责与业绩考核相结合的基础上，建立以知识价值、重大成果产出、业绩贡献为导向的高层次人才绩效评价和薪酬分配机制。

　　再次，加强科研环境配置。充分发挥遗传发育所各部门统筹联动高效的优势，利用人才尚未回国到岗的时间差，人力资源部启动团队成员的招聘工作，研究生部预留招生名额，条件资产保障部改造实验室空间设施，将团队建设与实验室建立的周期缩至最短，保证人才到岗后，能够立即开展研究工作。这些工作相较高校节约约 1 年的时间。

　　同时遗传发育所创新培养模式，建立"荣誉导师"制度，邀请院士或同领域的资深科学家担任青年人才的荣誉导师，使引进的人才更快地融入国内科研环境，帮助他们更快的成长。

　　倾力投入自然得到更好的回报，遗传发育所人才引进工作迅速回暖。2016 年以来，通过"国家海外高层次人才引进计划"，已有 7 名优秀青年人才加入遗传发育所，并在良好的创新氛围中，优秀成果不断涌现。

人才是科技创新的源头。引得进、留得住、用得好，是遗传发育所人才工作的理念。培养出一流人才，创造出一流科研成果，是遗传发育所的使命。面向国家的战略需求，在多学科交叉融合的趋势下，遗传发育所将逐步探索"大团队"的科研体制，为科学家营造更好的创新氛围，在科学的原野上自由驰骋。

延伸阅读

截至 2018 年，遗传发育所共有职工 534 人，博士后 111 人；拥有 89 个学科带头人，其中中国科学院院士 3 人，英国皇家学会会士 2 人，"万人计划" 16 人，"千人计划" 13 人，中国科学院"百人计划" 42 人，国家重大科研项目首席科学家 23 人，"国家杰出青年科学基金"获得者 30 人；入选科学技术部"创新人才培养示范基地"。

大浪淘沙　沉者为金

导读

孤芳自赏，关起门来做研究，这样的情景在如今看来好似天方夜谭。然而，曾几何时，并非所有科学家都作好了接受国际同行"考问"的准备。在我国科学研究刚刚起步追赶国际同行的时代，遗传发育所高瞻远瞩，在科研评价体系建设中敢于尝试，先于他人实施国际评估，为研究所提升核心竞争能力、打造优良科研环境、建设人才队伍等方面提供了不可或缺的势能，在科研评价体系建设中发挥了引领和示范作用。

2003 年，遗传发育所首次实施国际评估，邀请国际同行对研究所各个研究组的科研工作进行评估和评议，这一举措开创了国内生物领域进行国际评估的先河。该科研评价体系的建立为研究所打造了"引人、留人、育人、放人"的创新环境，并高效地推动遗传发育所驶入国际化发展快车道，使遗传发育所在短短数年从 C 类跃居 A 类行列，在中国科学院一百多个研究所中持续保持领先地位。

国际专家缘何来所"望闻问切"

2001 ～ 2002 年，按照中国科学院党组的战略部署，遗传所、发育所与石家庄农业现代化所陆续完成整合，成立遗传发育所。

年轻的遗传发育所在起步时困难重重。

一是基础薄弱，合并前，3 个研究所评价为 C 类及以下。二是合并后研究领域涉及植物遗传学、发育生物学、人类遗传学、动物遗传学及农业生态学等，看似全面，但研究领域过宽、且学科发展不均衡。三是由于旧的用人体制和新的引人体制交叉存在，研究组长水平参差不齐。四是当时的科研评价体系仅为简单量化，没有优劣定性评价，也无退出机制。不健全的科学评价体系，严重影响着研究所的长远发展。

如何摘掉研究所 C 类落后的帽子？如何凝练研究所的研究方向？建立何种评价体系能使研究所借助"知识创新工程"的东风，实现跨越发展？

这些问题环环相扣，解决起来却并非一朝一夕的事情。

以李家洋为核心的时任遗传发育所领导班子目标清晰：研究所必须把握国家战略需求，摸准国际科技发展态势，凝练科技创新目标；聚焦研究所优势特色方向，要有所为有所不为；优化和引入创新团队，凝聚创新战斗力；建设科学健全的评价体系，让科研经费花在刀刃上。

困难是道坎，也是一道分水岭，就像鲤鱼跳龙门。归根到底，需要人才来跃时代的"龙门"——"引得来、留得住、发展好"，研究所就必须为人才创造良好科研氛围，建设科学公正的评价环境。

2002 年，时任所长李家洋与时任副所长薛勇彪经科学调研后，提出在研究所实行国际评估的动议。

中国人做的研究非得洋专家来"望闻问切"？在相互之间知之甚少的情况下，洋专家"水土不服"怎么办？会不会存心挑毛病？国外先进机构采取的评估是真刀实枪毫不留情面的，不能通过评估的研究组长将被淘汰，刚完成合并的研究所能适应吗？

领导班子坚定的决心，让各类质疑声音迅速消散。在全球化程度日趋加深的背景下，国际评估的优势愈发明显：在评价方式上与国际接轨，起点高发展快；国际评估专家与研究所、被评估对象无利益关联，评价更客观公允；最大程度地发挥国际评估专家作用，评估 PI 与诊断研究所并行，为研究所的整体发展建言献策。

为"破冰之举"保驾护航

实行国际评估，在国内生物领域可谓破冰之举。如何做？能不能达到预期效果? 研究所没有多少经验可借鉴。

但这并没有阻挡领导班子的决心: 严格按照国际标准启动国际评估。

国际评估暂行办法于 2002 年出台; 随后, 遗传发育所科学谨慎地规划不同学科的分类分期评估: 2003 年, 首批启动分子生物学研究领域评估; 2004 年和 2005 年, 分别对分子育种和人类与动物研究领域进行评估。

邀请什么样的专家来担任评审专家关系到评估工作的成败, 也是评估工作的重中之重。首先要确定评审专家组组长, 专家组组长必须是在该领域取得重大学术成就、具有重要影响且较熟悉国际评估规则的著名科学家, 为便于充分交流, 如果是华裔将是优先选择。为了保持评估组的独立性和客观性, 遗传发育所授权专家组组长自行邀请其他国际知名科学家组成专家组成员。

所务会经谨慎研究, 决定邀请美国 Rockefeller 大学植物分子生物学实验室主任蔡南海 (Nam-Hai Chua) 博士担任首次国际评估的专家组组长。蔡南海为英国皇家学院院士, 在植物分子遗传学和分子发育生物学相关领域均有卓越的成就。同时, 他也具有丰富的学术咨询和评估经验。

随后, 蔡南海邀请了其他 4 位国际著名科学家担任专家组成员, 他们

2003 年, 植物分子生物学研究领域国际评估专家组专家。从左到右:
David Baulcombe (英国)、George Coupland (德国)、蔡南海 (美国)、
Kiyotaka Okada (日本)、Yasunori Machida (日本)

分别是英国 John Innes Center 的 David Baulcombe 博士（2001 年当选英国皇家学会会士）、德国 Max Planck Institute for Plant Breeding 的 George Coupland 博士（2007 年当选英国皇家学会会士）、日本 Nagoya 大学的 Yasunori Machida 博士、Kyoto 大学的 Kiyotaka Okada 博士。

为保证评估工作的公正、公平和透明，遗传发育所还明确了一系列工作要求。研究所任何人尤其是被评估人员不得私自接触评估专家，确保评估专家的公正评价；管理部门科技处要认真核实评估材料，确保材料的完整、真实和准确；评估结果只提供给被评估的研究组长，不对外公开，充分维护研究组长的尊严。

当年，遗传发育所在经费并不是很宽裕的情况下，为国际评估列支专项预算 22.64 万元。这在当时这是一笔不小的支出，相当于院拨事业经费的 1%。在正确的事情上全力以赴，不"等、靠、要"，反映了当时研究所要振臂前行的决心。

以敬畏之心干挚爱之事

经过近一年的紧张筹备，遗传发育所终于迎来了第一次"大考"——2003 年 11 月，14 位从事植物分子生物学研究的研究组长参加了首次国际专家评估。

根据工作安排，11 月 2 日，国际评估组专家首先听取了汇报，了解研究所的整体情况。接下来的两天，评估组专家们依次听取了 14 位研究组长的汇报，与研究组长和学生分别进行面对面的讨论和交流，目标就是对研究组长的研究进展、研究方向和潜能进行评价。

除了对研究组长进行评估，评估组还需要对研究所在植物分子生物学领域的整体发展情况进行评估和诊断。

于是，评估专家组成了那几天最繁忙的人——分组听取科研汇报，参观相关实验室，与研究组长和学生进行闭门讨论和交流。为更全面更好地完成评估工作，他们每天工作 10 小时，午餐也是盒饭解决。

向评估组专家秉承科学无国界的精神致敬！无论是预审报告、洞察所貌，还是了解进展、闭门讨论，每一个环节国际专家都展现了国际视野、领域专长和卓越的智慧。

遗传发育所从领导班子到管理部门，再到被评估研究组长的高度重视，使评估工作紧张而有条不紊，短短 4 天的首次评估，也让国际专家看到了遗传发育所的组织管理水平。专家组组长蔡南海对此给予了很高评价，称此次评估组织"非常专业化"。

一个月后，遗传发育所收到了国际评估组的正式评估报告。报告总体评价中这样写到："参加评估的研究组都得到了很好的资助，这反映了他们在国内处于具有竞争力的地位。大多数研究工作具有良好的国际水平或具有达到国际水平的潜能。我们预计该研究所的科研产出将逐步达到具有较高国际影响的水平。"

为帮助遗传发育所加速步入国际化发展的快车道，评估组还在学科建设、引进人才、学生培养、交流互动、国际合作、文章发表及设施完善等方面，一一指出问题所在，提供了建设性的意见。

2004 ～ 2005 年，遗传发育所相继完成了对分子育种领域、人类与动物研究领域的国际评估。比利时根特大学 Dirk Inze 教授和美国杜克大学王小凡教授分别受邀担任评估专家组组长。

可以说，三次国际评估的专家组为遗传发育所后来的快速发展打下了良好的基础。

春华秋实，影响深远

可以说，首轮国际评估的成果是显著的。

首先，聚焦了研究方向。遗传发育所逐步从最初的基因组与生物信息、基因表达调控技术、转基因生物安全、生物技术育种、农业水资源研究、人类群体遗传、动物遗传学、发育的分子基础等若干领域，凝聚到基因组与基因的结构和调控规律、品种分子设计、高效可持续农业技术集成、神经发育与干细胞及前沿学科交叉 5 个重点研究方向。

其次，建立了研究系列的定性评价体系，优化了定量科研绩效评价系统，从而创造了更加适合人才发展的创新环境，便于遗传发育所吸引更多优秀的科研人才。科研人员对严格的考核标准充满敬畏，珍视遗传发育所宽松的创新氛围，面对自己挚爱的科研事业更加凝神聚力。很多课题组长的办公室和实验室晚上 11 点都还亮着灯，周末和节假日也都在工作中度过。不待扬鞭自奋蹄，这不仅体现了科研人员的爱国情怀、科研情怀，也有评估指挥棒发挥的重要导向作用。

再次，优化了资源配置，自然形成了课题组长退出机制。首轮国际评估，共有 6 位课题组长平稳实现了转岗分流，转到更加适合发展的岗位。

首轮国际评估真实地反映了遗传发育所的科研现状和在国际上所处的地位，坚定了遗传发育所在未来 5 ～ 10 年进入国际一流研究机构梯队的决心，将遗传发育所推上了国际化发展的快车道。

2008 ～ 2010 年，遗传发育所进行了第二轮国际评估。这次评估为遗传发育所稳定了人才队伍，进一步完善了评价机制，提升了遗传发育所在国内外的地位和影响。

2010 年 9 月，发育生物学研究领域的评估专家合影。从左到右：韩珉（美国科罗拉多大学）、付向东（美国加州大学）、Tetsuya Tabata（日本东京大学）、Rene Bernards（荷兰癌症研究院）、薛勇彪（遗传发育所所长）、王小凡（美国杜克大学）、吴虹（美国加州大学洛杉矶分校）、贺熹（美国哈佛大学医学院）、骆利群（美国斯坦福大学）

2014 年，遗传发育所进行了第三轮国际评估。这次评估进一步优化了学科布局，形成了定性评估与定量评估相结合的完整分类评估评价体系，助推重大创新成果不断涌现。

遗传发育所率先开展的国际评估工作，对建设科学的科研评价体系起到了重要的引领和示范作用。2008 年年初，中国科学院启动对生命科学领域研究所的国际评估工作，上海药物所等 7 个研究所接受了国际评估。2013 年，中国科学院对全院各领域研究所进行国际评估。遗传发育所的"破冰之举"，正是践行了"率先行动"的纲领。

勇做管理创新先行者

导读

　　2018 年，《中国科学院事业单位国有资产管理办法》发布，第一次明确要求各研究所建立健全各项资产共享管理制度，提高资产的使用效益，保障科学、教育事业健康发展。遗传发育所自 20 世纪 90 年代就开始摸索建立的全成本核算制度正是对这一办法的探路和前行。前行风险的背后，是遗传发育所领导班子及管理团队对于发展的前瞻性判断和长远考量。

　　改革开放以来，随着我国科技体制改革的深入，科研机构的经费运行机制发生了一系列变化。机构的科研经费已突破了单一的财政渠道，逐步由按人供给转为经费与任务挂钩的目标管理。在此背景下，科研机构纷纷开始思考管理转型问题。

　　恰好在此时，一些海外归国的科研骨干相继走上遗传发育所的管理岗位。在科技体制改革的大背景下，他们开始思索如何依据研究所的实际，吸纳国外科研机构的优秀管理经验，建立一套适合研究所发展的资源配置体系。经过十几年的实践探索，研究所形成了一套完善的全成本核算管理制度。

　　通过全成本核算制度的实施，研究所统筹规划、有效配置、杜绝浪费，让"高效科研"落实到实际工作中。这项工作取得的成效让遗传发育所成为全院乃至院外单位效仿的榜样。

千里之行，始于尝试

1995 年 2 月，一份《关于收取房租、水、电、暖费用标准的通知》开启了遗传所引入企业管理机制进行成本核算的探索。通知内容显示，遗传所将按照北京市统一标准收取水、电、暖气费用，也就是所谓的"成本价"。

这份通知涉及的收费项目仅有三项，离现在研究所实行的"全成本核算"还有很大的距离，但这足以证明"成本"意识已经在所管理层的观念里萌芽。

科研单位的全成本核算与企业的全成本核算类似，是将科学研究过程中发生的各种耗费进行分配和归集，用以计算生产总成本和单位成本，从而对科研资源进行合理配置。全成本核算对于科研单位的良性运转有着直接的影响。

2002 年，遗传发育所完成三所合并后，为确保满足院里的各项要求，创建可持续发展的、有世界竞争力的一流科研机构，研究所各项管理改革被正式提上了日程。

研究所要发展，既要建立稳定的高素质人才队伍，又要提升服务、打造优良的科研设备设施和实验环境。课题全成本核算作为研究所基本运行管理的手段，是上述两项工作顺利开展的"财力保障"，是研究所势在必行的一项管理改革。

改，才有持续发展的动力！但怎么改？却又无据可依。

"从 0 到 1"，这个阶段漫长又积蓄力量。作为研究所基本运行保障的责任部门，条件资产保障部拿出了"啃硬骨头"的态度。

做不到一蹴而就，条件资产保障部就步步为营。他们先将成本核算的范围缩到 30 个研究组，只收取水、电及房屋占用费三项。即便如此，在当时计量条件差、计算标准复杂、工作繁琐的众多压力下，成本核算工作未能得到课题组的支持和响应，成本回收率依然较低，研究所仍然必须动用有限的发展经费，承担全所运行成本收支的差额。这就像一辆超载的车，无法保证以正常的速度行驶。

要改变这种被动的局面，全成本核算推行的方式就得先变。

积跬步，至千里

工欲善其事，必先利其器。

2006 年，条件资产保障部在当时成本核算的细碎工作之上，总结出一套适用于遗传所的全成本核算管理办法，期望统一思想、统一规范。

要想这套管理办法切实可行，得到所里人员的一致认可，就必须核算全所及每个课题组实际运行成本，并让大家有所了解。

全面细致的测量工作为细化科研基本运行费用提供了真实数据和成本核算的依据。在所领导的支持下，条件资产保障部打破计划经济下的条条框框，在所内展开"收、支、补"三线企业管理成本运行模式，彻底将全所基本水、电等运行费支出剥离所级财政，形成"谁用谁担，独立核算，收支平衡"，为研究所发展减负，有力地支持研究所的可持续性发展。

2007 年，在大量测算、调研的基础上，条件资产保障部第一次规范性发布了《课题成本核算管理办法实施细则》（以下简称细则）。该细则明确了全所基本运行费的支出成本构成，并提出了"以支定收"的成本核算方法。

简单来说，"以支定收"是指按照研究所的实际支出来确定从课题组收取成本费用的标准。

条件资产保障部在实际工作中发现，过去在一些项目上，研究所向课题组收取费用时，并没有完全按照研究所支出成本标准执行，只是象征性地收取费用。这就导致成本回收不彻底，研究所还需继续承担其中的收支差额部分。

这份细则作为研究所成本管理的依据，很快就通过了所务会的审议。但在执行过程中依然遇到了不小的阻力。最大的阻力来自课题组长对收费项目细则和收费标准的质疑。

此时，所领导的支持给了工作人员最大的鼓励。条件资产保障部通过

2007 年起，遗传发育所陆续制定了 27 份与全成本核算工作相关的制度

培训课题组秘书等方法，加强与课题组长之间的沟通，排除误解。双管齐下，课题组长逐渐改变了对全成本核算的态度，从以前的"漫不经心"变成了后来的"处处留心"。从那个时候开始，"节约"的理念开始悄悄"潜入"科研人员的心里。

比如，课题组会主动将随意摆放在公共空间的冰箱清理回实验室，避免因为过多占用资源而带来的房屋使用、物业等相关费用。课题管理人员会时常叮嘱学生和其他成员节约资源，关水龙头，关灯，要有科研工作的成本意识。

2006 年，条件资产保障部在全所 55 个课题组实现了全成本核算，综合回收率突破 83%。

此外，条件资产保障部还主动建立了研究所成本核算数据库。在后续的十几年时间里，这个数据库不断优化，不仅把研究所对外支出盘点得"滴水不漏"，还实现了与研究所支出成本联动，让研究所支撑运行管理成本有据可依。

从成本核算到成本优化

2008 年，当全成本核算在研究所各课题组顺利运行之后，条件资产保障部接到了更大的任务——以研究所海南陵水南繁育种基地建设为依托，把研究所单一资产管理转变为科研项目成本支撑运行服务，让项目运行从"想省钱"变成"会省钱"。这样一来，就把成本核算和研究所具体科研项目结合得更紧了。

海南陵水南繁育种基地作为研究所科研支撑平台之一，为育种相关研究提供试验条件，一直是所里的"开销大户"。支撑平台业务复杂，费用科目更多，对其进行成本核算的难度比单纯的课题组大得多。再加上南繁基地不在北京，要精确测算该基地可能产生的各项费用都需要对当地情况做深入的了解。

面对这样的挑战，工作人员凭着专注的态度和严谨的风格，深入基地，跟当地工作人员同吃同住，仔细调研。不仅测算了各项建设成本，还根据经验，帮助基地管理委员会理清了未来可能产生的各项维护费用，为基地日后的财务管理整理了一套完整的可持续发展思路。

后来，条件资产保障部又将南繁基地的成本核算经验推广到动物中心、植物温室等支撑平台，通过核算，为平台制定服务的收费标准提供依据，帮助他们建立起"以服务质量定价"的管理思路。

至此，全成本核算在研究所所有支撑服务单元推广开来，一方面有效实现了成本回收，另一方面为研究所新建平台和课题组制定经费预算提供了测算依据。

2014 年，研究所洗消中心成立，通过施行全成本核算，大大降低了服务成本。以人力成本为例，在洗消中心成立前，33 个课题组，平均每个课题组有洗刷工人 1.5 名，合计 49.5 人，人工费成本为 17.33 万元 / 月；而洗消中心成立后，由 15 ~ 20 名洗刷工人提供统一服务，劳务费成本缩减为 9.00 万元 / 月。另外，集中规模化的服务同时减少了水、电等能源费用的支出。

2016 年，遗传发育所基因组编辑中心建设时，主动要求条件资产保障部参与该中心预算管理和各项收费标准的制定。可以说，有了全成本核算，所里的各项科研服务变得顺畅。

　　截至 2019 年，遗传发育所已经形成了一套以全成本核算为基础，涵盖 27 份配套制度的资产运营成本管理体系，全所成本回收率高达 98%。研究所还建立了全成本核算信息系统，方便各课题组、平台中心了解自身运营情况，在线实现资源共享。

　　迄今，遗传发育所在以全成本核算为基础的资产管理这条路上已经探索了 20 多年，形成的管理办法和理念为研究所良性运转提供了稳定的基础，为研究所在吸引人才和平台建设方面提供了切实的保障，从而为研究所的可持续健康发展提供源源不断的动力。

科学梦想在这里启航

导读

"世界是你们的，也是我们的，但是归根结底是你们的。"培养青年科技人才对于科学事业的发展至关重要。21世纪的竞争，归根结底是人才的竞争。人才质量的提高要依靠教育。历经60年探索，遗传发育所将科研创新与对学生的教育和培养紧密结合、相互促进，为我国生命科学领域培养出一批又一批一流青年人才。

1900余名，这是自1959年建所至2019年6月，60年来遗传发育所培养的研究生总数，这其中有1200余名为博士研究生。

莘莘学子们在遗传发育所这座没有"藩篱"的科教园地中，不断汲取学术养分，继承自主创新的科学精神，放飞科学梦想。在走出园地后，他们不断开拓进取，为我国科技创新贡献力量。

点亮科研之路

1955年，国务院颁布《中国科学院研究生暂行条例》，由此拉开了中国科学院研究生教育的序幕，各个研究所的科研队伍中陆续出现了学生。

那时，中国科学院研究生招生人数有限。1960年，遗传所迎来首批硕士研究生——曾孟潜与孙传渭两人。次年，研究所又招收了两名新生，他们是曾君祉和李达模。至"文化大革命"开始，遗传所未再招收研究生。

尽管岁月艰苦，但国家非常重视科学技术发展。作为未来的科技力量，研究生也备受重视。20世纪60年代，每位学生每月助学金可达40

元，而当时社会人均工资每月还不足 20 元。

1977 年 11 月，中断了十多年的研究生教育在全国范围内恢复。遗传所研究生教育事业再次启动。1978 年，全国有 280 人报考遗传所。经过层层选拔，遗传所共录取 16 名学生。他们来自祖国的四面八方，不但年龄相差悬殊，文化背景也参差不齐。经历了 10 年教育中断，他们带着对知识的渴求走进了遗传学的殿堂。

根据中国科学院的规划，研究生培养分为两大阶段。第一阶段，学习基础理论课程、外语，并进行必须的实验训练；第二阶段，进入研究所，跟随导师开展科研工作。

年轻的学子们在遗传学的殿堂里享受着知识盛宴，邹承鲁、李政道、谈家桢、Watson 与 Sanger 等一批大师级科学家都在这里留下了智慧的光芒。

至 20 世纪八九十年代，研究所不断完善基本学科点建设工作。1981 年和 1986 年，遗传所分别获批为遗传学硕士和博士学位授予单位；1988 年，获批在职人员硕士学位授予单位；1991 年，获批博士后流动站；1995 年，获批自行审定博士学位授予点。这些学位点的成功获批，为研究所研究生培养工作发展奠定了坚实基础。

2001 年，研究所招生人数超过 10 名。从个位数到十位数再到百位数，研究所研究生招收人数逐步增长，一方面反映出研究所科研队伍快速壮大，另一方面也反映出我国人口受教育程度不断提升。

打破常规　敢于创新

在中国科学院"百人计划"等人才政策的支持下，2000 年左右，一批海外高级人才陆续加入遗传发育所。这不仅壮大了研究所科研创新队伍，也为研究生导师队伍注入了新的力量。由此，遗传发育所研究生教育工作迎来了新局面。

如何不断提高研究生的培养质量？如何让年轻科研人员成为一名优秀的导师？如何让学生勤奋工作、快乐科研？遗传发育所历届领导班子和管理团队勇于打破常规，采取一系列改革措施，培养新时期合格的创新人才。

取消毕业发表论文要求

2007 年新年伊始，遗传发育所内展开了一场讨论：要不要取消博士研究生必须发表 SCI 论文才能毕业的硬性要求。当时在国内，一些知名高校如北京大学、清华大学以及其他院所均把发表 SCI 论文作为授予博士学位的硬性条件之一。但研究所却在实践工作中反复审视和思考，论文作为"卡住"学位的"尺子"是否合适？一个没有发表论文的博士研究生，就意味着在科学训练和探索上不合格吗？

经过研究所学位评定委员会多次讨论，一个革命性的决定诞生了——取消博士研究生毕业发表论文的要求。这个决定是生命科学领域研究生教育的一项创新之举。

取消发表论文的要求并不意味着降低对学生能力和水平的要求。研究所在课程设置、开题报告、中期考核和论文评审等培养环节制定了明确的标准，增加考核环节和退出机制，保证毕业生获得完整的科学训练、具备相应的科研能力和水平。例如，研究所对学生的毕业论文采用国内院校很少采用的双盲评审，极大地保障了论文的质量。

研究生指导小组

研究生的培养质量与导师有着极大关联。保证培养质量、保证教学质量，是遗传发育所研究生培养工作的关键。

2007 年，研究所创新导师培养方式。每名研究生在入学以后，其指导教师和其他 2～3 名博士生导师共同组成指导小组。指导教师负责制订学生培养计划和指导学生科研工作，其他导师也要参与制订培养计划，指导学生完成文献阅读、开题报告、中期考核、科研报告、论文工作进展和论文撰写等各个环节，定期听取学生工作报告并给予建设性意见。

导师指导小组受到学生们的热烈欢迎。以前，每名学生只能得到一位导师的指导与帮助，该办法实施以后，每名学生拥有一个导师团队，无论在科研工作还是职业发展上，都获得了更多的指导和帮助。这种做法一方面提高了培养质量，另一方面开阔了学生的思路和眼界。

导师责任

研究所从国外归来的年轻学者不断增多，他们普遍具有较高的学术造诣，但刚刚回国就成为研究生导师，很多学者在教书育人、学生培养方面缺乏经验。

为了督促导师更好地履行职责，2016 年，遗传发育所开始执行导师积分制度，要求导师对学生的培养质量负责。例如，学生的毕业论文在提交后将进行格式审查，若不合格，导师将被积分。积分达到一定分值，将影响导师的招生指标。

另外，在教学上，学生们会对导师授课内容、授课质量等进行打分。一旦评分过低，授课老师将可能被替换。

一系列制度的实施，一方面保证了教学质量和培养质量，另一方面也督促导师认真履行职责，在工作中形成共同的育人理念和标准。

中日美研究生交流会

研究所十分注重加强与国外研究机构的交流与合作，学生工作也不例外。

从 2007 年起，由日本奈良先端科学技术大学（NAIST）发起了和遗传发育所、美国加州大学 Davis 分校之间的研究生交流活动。三家研究机构每年分别选派 10 名左右研究生，在日本或中国一起度过一个星期，进行学术和文化交流。

研究生交流活动每年举行一次，目前已连续举办 11 年。交流期间，学生们通过学术报告、墙报展示、小组讨论、文艺表演、文化参观等一系列活动，锻炼了英语交流能力，深入了解了国外研究单位的科研动态，并且结交了新朋友。活动也让国外的学生对中国的科研工作和历史文化有了更多的了解。

截至 2018 年，遗传发育所共设有遗传学、发育生物学、细胞生物学、神经生物学、生物信息学、生物物理学、植物营养学共 7 个专业的硕士、博士培养点，作物遗传育种专业的硕士培养点，以及生物医药领域专业学

2017年中日美研究生交流会在遗传发育所召开。左：会议资料册封面。
右：遗传发育所所长杨维才与日本奈良先端科学技术大学（NAIST）、
美国加州大学Davis分校代表握手并交换"三方持续合作"的备忘录

位硕士培养点。遗传发育所拥有86名博士生导师，其中包括中国科学院院士、"百人计划"及"国家杰青"等一批顶尖专家，阵容强大。

另外，为深度促进科教融合，遗传发育所牵头承建中国科学院大学现代农业科学学院，中国科学院南京土壤研究所、水生生物研究所、华南植物园等10个研究所参与共建。研究所的很多导师都承担了重要的教学任务。现代农业科学学院为培养我国农业科技领军人才搭建了新平台，也提升了遗传发育所研究生教育的专业针对性。

雄厚的科研和教育实力、优良的培养质量，吸引着一批又一批学子进入遗传发育所深造。这种由师生组成的探究学习共同体已成为知识创新与传承的汇聚点，不仅催生了大量原创科研成果，也有力地支撑了国家创新人才后备队伍建设。

植物温室和实验动物中心 ✍

科学研究的基地

导读

　　创新不可能建"空中楼阁"，科研设施是进行科学研究的必要条件和重要支撑。无论是研究遗传育种还是生命的发育过程，都必须要通过植物或者动物材料来进行。遗传发育所的植物温室和实验动物中心在数十年的发展中，不断提升设施建设水平和技术服务能力，改进管理模式，为科研工作者提供便捷、共享率高的技术服务，为科研事业添砖加瓦。

　　植物和动物实验材料的培养、制备、保存、鉴定等对保证科学研究的顺利开展至关重要。遗传发育所的植物温室和实验动物中心正肩负着这样的重任。

　　植物温室通过准确控制温度、光照、湿度等进行植物培养和加代育种，使得科研人员能够获得相应的实验材料和实验数据。拟南芥、水稻、小麦、番茄、玉米、高粱、大豆等20多种植物在这里被精心呵护着生长。

　　实验动物中心对小鼠、兔子等实验动物进行专业无菌级的饲养和保存，并提供抗体制备、胚胎冷冻和移植、转基因和基因敲除动物模型制备等技术服务。这里生活着4万只实验动物，为开展胚胎发育、致病机理、代谢疾病等研究提供了必要条件。

做科研人员眼中的"好温室"

　　遗传发育所的温室总使用面积近7000平方米，分布在地上或半地下

197

的 8 栋建筑中，分为夏季作物温室、冬季作物温室、模式植物培养室和人工气候室四大功能区。每一个功能区由大小不同的培养间组成，培养间的温度和湿度可以依据不同需要进行设定。

培养间像室内植物园，推门看到的要么是满架子的拟南芥，要么是一盆盆高大的番茄。这样的培养间共有 203 个，除了培养拟南芥、水稻这些常见的实验材料，还有金鱼草、烟草、吴松草、兰猪儿草等一些不太常见的植物。

如何才能为科研人员提供一个"好用的温室"？研究资源部的工作人员围绕光、温、水、气四个字开展了大量工作，唯一的目标就是让植物生长好。

2008 年，新建的现代化科研用温室刚投入使用 1 年，就遇上了一系列考验。

首当其冲的是模式植物培养室的设备问题。培养室建设时安装的空调是变频多联机系统，这种系统在室温达到 26℃时会自然减载节能，导

植物温室于 2008 年建成，总面积近 7000 平方米，包括冬季作物温室（左上）、夏季作物温室（右上）、模式植物培养室（左下）、人工气候室（右下）

致温度不再下降，所以无法满足拟南芥（22±2）℃的生长要求。经过一次次调研和讨论，最后决定为所有培养间加装空调，保证实验材料正常生长。

另一个问题是夏季作物温室的温度。为了模拟出植物在夏季的生长环境，通过半年测试，增加天窗和风机、更换暖气管道，把原有的水帘风机换成了自动控温系统。如此一来，不论是寒冬还是炎夏，植物都能在35℃的环境中生长。

还有一个问题是人工气候室的加湿。原本采用的蒸汽加湿方法，由于锅炉房在西区，蒸汽到达的地方在东区，管道过长导致成本太高。为了降低成本，温室改用房间内微雾加湿法，在节省经费的同时也满足了加湿要求。

除了要保障光、温、水、气条件，为了更好地配合研究需求，植物温室还建立了相应的平台。

小麦锈病的抗性遗传改良是植物细胞与染色体工程国家重点实验室的研究方向之一。为了检测小麦是否具有锈病抗性，要进行专门的鉴定。以往所内科研人员需要和所外单位合作，请他们对小麦锈病进行鉴定，但很多时候由于课题组的材料多，要求时间紧，所外的服务不能满足需求。后来，在植物温室管理委员会建议下，研究资源部建设了专用于小麦锈病鉴定的设施平台，并请所外专家对相关人员进行培训。现在，该平台年均鉴定能力可达3000份，免去了所内科研人员在所外排队鉴定的时间。

做好科研支撑不仅需要对硬件设施进行高质量的管理和建设，还需要工作人员对科研需求有高效的管理和反馈。随时了解科研需求，及时调度培养间、培训具体的操作人员，工作人员对方方面面都要谙熟于心。在这里，工作人员光是每天挨个房间检查，微信运动步数就能过万。

目前，植物温室为所内外6家单位、58个课题组常年提供服务。另外，植物温室还设立了"小麦故事展厅"，向公众科普小麦的进化和发展历程，这成为研究所对外宣传的重要窗口之一。

以技术取胜的实验动物中心

实验动物中心（以下简称动物中心）位于园区内一幢独立的2层小楼，总面积逾2434平方米。动物中心目前饲养着小鼠、大鼠、兔子、斑马鱼、非洲爪蛙共5种、约4万只实验动物。

除了饲养实验动物，动物中心还提供小鼠、大鼠、兔、羊、牛的胚胎移植、胚胎冷冻及复苏的技术服务，同时拥有小鼠的隔离检疫设施、小鼠行为学分析实验室，能够进行小鼠净化。

1995年，动物中心获得北京市普通级实验动物合格证和环境设施合格证。1998年，动物中心获得北京市普通级大、小鼠实验动物生产许可证，是当时中国科学院京区唯一的实验动物生产许可单位。

2002年，动物中心建成用于饲养SPF（specific pathogen free，无特定病原体）动物的符合国家动物实验管理条例的屏障系统设施。为了保障实验动物的洁净程度，在动物中心的屏障区，每立方英尺空气中直径大于5微米的尘粒数不能超过1万颗。

衡量动物中心专业度的指标之一是清洁程度。实验小鼠被分为4个等级，其中SPF小鼠不携带主要潜在感染、条件致病和对科学实验干扰大的病原。为此必须将其"与世隔绝"，饲养在专用的屏障设施里。工作人员进入屏障区域之前，需要接受一道又一道的消毒过程。这些措施保障了实验小鼠的"绝对洁净"，降低了小鼠感染疾病的风险。2018年，动物中心将原有的大部分开放笼架升级为独立的通风笼具系统（IVC系统）。在IVC系统中，小鼠生活在一个

实验动物中心于2012年建成，总面积2500平方米，
其中屏障设施810平方米

实验动物中心内部。左：工作人员穿着隔离服操作小鼠 IVC 系统。
右：斑马鱼饲育系统

个独立的透明盒子中，每一个盒子都有独立的换气装置，避免了开放笼架饲养导致小鼠染病的问题。

动物的饲养间要始终保持稳定的温度和湿度，这意味对供电系统要求较高。动物中心采用医院手术室级别的供电标准，不论是空调还是空气过滤设备，均为双路供电，以保障系统稳定运行。

很多实验结束之后，为了方便日后进一步研究，实验成品要保留下来。如果要活体保存，就意味着有相当数量的动物还要继续喂养。为了节约成本和便于保存，动物中心开发了胚胎代替活体保种的技术——将需要保存的动物的精子、受精卵和胚胎长期保存在超低温条件下。再有相应的研究需求时，可以从冷库中取出，并将其移植到相应实验动物体内。

制备抗体是动物中心的看家本领。目前，中心的单克隆抗体制备平台的年制备抗体能力达 50 个，多克隆抗体制备平台达 3000 个。因为制备抗体的质量高，有的科研人员在离开研究所甚至出国后，仍然选择把蛋白寄回动物中心制作抗体。

丰富的、高质量的技术服务离不开动物中心技术人员过硬的业务能力和不断的钻研精神。以胚胎注射为例，注射用的纯机械玻璃针头直径只有 2 微米，这意味着工作人员在操作时，动作幅度范围要控制在微米级别。在遇到培养或者实验失败的情况时，技术人员会和科研人员一起反思和总结原因，这种方式对双方的工作都起到了促进作用。

同时，动物中心还有一个很好的传统，就是向全国同行毫无保留地共享自己的技术。这个传统是从 20 世纪 70 年代向全国各地来的技术人员传授胚胎移植技术开始的，胚胎移植技术也因此在全国大多数动物中心得以普及。

动物中心成立数十年来，提供服务的内容不断扩展，服务的质量也在不断提高，逐渐在业内有了声誉。中心为慕名而来的一些高校和其他科研机构提供多次专项技术服务。2018 年，动物中心除了为所内 17 个课题组提供服务外，还为北京大学、中国科学院生物物理研究所、301 医院等 17 个单位的 46 个课题组提供抗体制备服务，以及大鼠和小鼠寄养服务。

在原始创新备受关注的今天，科研设施的作用愈发不可替代。植物温室和动物实验中心已经成为遗传发育所提升科研水平，持续创新发展的强有力后盾。随着研究所新科研大楼的落成，又一个崭新的动物资源保存平台即将投入使用。

为知识插上飞翔的翅膀

导读

马克思认为科学绝不是一种自私自利的享乐，有幸能够致力于科学研究的人，首先应该拿自己的学识为人类服务。遵循这一理念，遗传发育所的几代科技工作者从零开始铺建科学传播之路。从最初创建学术期刊，到提高各地科技工作者理论知识与技能水平，再到如今全方位多渠道提升公众科学素养，历经60年积累，遗传发育所在提升文化自信、弘扬科学精神、国际传播交流、激发创新活力等方面作出了不懈努力。

1971年2月，北京城春寒料峭。在位于北沙滩遗传所的一间办公室里，一本名为《遗传学通讯》的刊物悄然诞生。首期只有40页的《遗传学通讯》，版式简洁，书墨飘香。这本小册子曾是遗传学领域科教工作者心中最受欢迎的刊物，承载了无数次知识传递、思想碰撞的快乐。

历史巨变，沧海桑田。

2019年5月，遗传发育所宽敞明亮的实验室里迎来了一群小客人，这些来自北京市的小学生在科研人员的指导下，用显微镜看到了小鼠神经元细胞，科学的神奇令孩子们兴趣盎然。

虽然时代在变，但人类对于知识的渴望没有变过。科学传播旨在向社会公众传播科学知识、科学方法、科学思想和科学精神，以提升公众的科学知识水平、技术技能和科学素养，促进公众对科学的理解、支持和参与。

期刊图书——打造我国学者发声阵地

1956 年，中国科学院植物研究所遗传研究室创建了一本刊物——《遗传学集刊》，每年一两期，汇编遗传学研究论文。随着 1959 年遗传所成立，这本刊物也从植物所迁到遗传所，成为研究所的第一本学术刊物。遗憾的是，因受"文化大革命"影响，该出版物发行 13 期后被迫停刊。

即使在那个动荡的年代，人们对科学的渴求也从未停止。《遗传学通讯》就创办于这个时期，刊名由时任中国科学院院长郭沫若题写。1975年，根据农业生产的实际需要，《遗传学通讯》更名为《遗传与育种》（1979年更名为《遗传》），定位为农业科普刊物。就是这本刊物，创造过年发行量 6 万册的最高记录。

随着国内遗传学研究水平的不断提高，《遗传学通讯》远远无法满足科研人员的需求，创办一本定位更高、内容更权威、能够反映我国遗传学研究特色和水平的学术刊物，成为科研工作者共同的希冀。

1973 年，遗传所筹备创建《遗传学报》，并于次年正式出版。遗传所非常重视这本学术刊物。为了打破当时遗传学界的两派之争，提倡百家争鸣，研究所邀请了我国著名遗传学家、北京大学李汝祺先生担任刊物首任主编。在他的主持下，刊物兼容并蓄，很快树立了权威性，刊登的论文代表了国内遗传学研究的最高水平。在 21 世纪以前，网络还未普及，国际同行经常通过《遗传学报》上刊登的论文英文摘要来了解中国的遗传学科研成果。

进入 21 世纪，海外人才纷纷回国，科研水平迅速提高，科研人员更愿意将工作成果发表在能被更多国际同行认可和获取的英文期刊上，国内中文期刊从此开始面临优秀稿源和读者双重流失的压力。同时，国内科学家也极具战略眼光地意识到，中国需要有自己出版的英文学术刊物。

在这一背景下，2006 年，《遗传学报》改为英文 *Journal of Genetics and Genomics*，并与全球最大的学术出版商荷兰 Elsevier 公司合作出版，目标是发展为国际遗传学领域的代表性期刊。开通英文网站、聘请全球编委、接受海外投稿、组织出版专辑等一系列工作有序展开。功夫不负有心人，经过十余年的发展，2019 年，《遗传学报》影响因子达到 4.650，具备了一定的国际影响力。

可以说，每个科研机构都希望发展成为学科的"领头羊"。学术刊物作为重要的知识载体，往往能够反映出版单位的学术水平。所以，很多科研机构都将出版学术刊物作为一项重要的和必要的工作。

发育所在 1992 年创办《发育与生殖生物学报》（2003 年更名为《基因组蛋白质组与生物信息学报》），农业现代化所在 1993 年创办《生态农业研究》（后更名为《中国生态农业学报》），这些刊物的创办对促进学科发展、提升研究所的学术影响力都起到了重要的促进作用。

建所以来，研究所的科研人员还出版了多本科学图书，在知识传播、教育和指导等方面发挥了不可替代的作用。

遗传发育所编著的学术刊物

刊名	语种	创刊年份	备注
《遗传选种学报》	中文	1952 年	中国科学院遗传栽培研究室编著，内部刊物
《遗传选种译丛》	中文	1952 年	中国科学院遗传栽培研究室编著，内部刊物
《遗传学集刊》	中文	1956 年	1956～1958 年由中国科学院植物研究所遗传研究室编著，1959 年改由遗传所编著，1966 年停刊，内部刊物
《遗传》	中文	1971 年	创刊时名为《遗传学通讯》，1973 年公开发行，1975 年更名为《遗传与育种》，1979 年更名为《遗传》
Journal of Genetics and Genomics（《遗传学报》）	英文	1974 年	创刊时为中文，2006 年改为英文
《国外遗传育种》	中文	1972 年	内部刊物，1989 年停刊
《中国生态农业学报》	中文	1993 年	创刊时名为《生态农业研究》，2001 年更名为《中国生态农业学报》
Genomics, Proteomics and Bioinformatics（《基因组蛋白质组与生物信息学报》）	英文	1992 年	1992～2003 年名为《发育与生殖生物学报》，1994 年公开发行，2003 年后改由中国科学院北京基因组研究所编著

《基因工程原理》问世后，被许多高校列为研究生和本科生的教学用书，对国内开展基因工程研究的科研人员有切实的指导作用。2017 年，*Hormone Metabolism and Signaling in Plants* 的出版标志着我国植物激素研究在整体上跃升至国际领先地位，被认为是目前国际上学术水平最高、覆盖内容最全的植物激素学术专著。此外，《植物遗传操作技术》《金鱼的变异与遗传》《花卉组织培养与工厂化生产》《郑国锠细胞生物学》等图书都极具实践指导意义。

遗传发育所科研人员编著的部分图书

授课培训——知识传播点燃创新火种

可以说，优秀学术成果源源不断地进入公共领域，才有可能实现学术积累、传承和发展。

1971 年，遗传所的科研人员成功培养出小麦花粉植株，这在当时引起了不小轰动，先后有数十个国家的数百位科学家来所访问交流，国内很多单位也兴起了植物花药培养的研究高潮。研究所应国内外科学家的要求，多次举办了植物组织培养的培训班和学术研讨会。

1975 年，遗传所开设了"七·二一"学校遗传育种学习班，面向公社、大队、农业试验站、畜牧场的技术员和工人，传授作物、动物和微生物的遗传育种技术。1981 年，聚集中外师资力量的"植物体细胞遗传学及禾谷类作物中应用"国际培训班在北京召开，学员来自 7 个国家。

1983 年，遗传所的科研人员到上饶地区畜牧兽医站，为大家讲授"生物统计和数量遗传学"和"遗传学基础知识与家禽遗传育种"两门课程。

1984 ～ 1986 年，遗传所先后举办了 3 次全国"植物原生质体融合技术"培训班，培养了很多该领域的技术人才，为国内植物组织培养和遗传育种研究的后续发展奠定了基础。

遗传所的科研团队还走出去，手把手地将科研成果传授给基层技术人员，他们经常去全国各地牧场帮助牧民进行牛、羊等家畜的繁殖，把胚胎移植技术传授给技术人员，内蒙古、四川、新疆、黑龙江、甘肃等都曾留下他们的足迹。

这些培训班虽然每一期时间不长，但当时对提高各地技术人员的科学水平起到了很大的作用。

时至今日，培训班已经被其他方式取代，但其作用和意义却不可磨灭，不仅促进了知识和技术的传播，还为技术成果应用、行业发展提供了人才储备。据记载，有"试管婴儿之母"之称的中南大学湘雅医学院卢光琇就曾参加过研究所的相关培训。

科学普及——引领公众素养提升

科技发展没有止境，科学素养的提升也不会停歇。尤其是在新一轮科技革命孕育兴起的当下，生命科学等科技浪潮正不断刷新我们原有的知识体系和认知维度。遗传发育所深深意识到，实现创新发展、建设创新型国家，既需要一批有建树的科学家，又需要让越来越多的人具备一定的科学素养，学会"像科学家一样思考"。

因此，遗传发育所开展多种方式、渠道相结合的科学传播工作，通过新闻发布、网络宣传、科普活动等方式，努力把科学传播工作做到高效、规范。

面向公众的科学传播有其自身特征和规律。遗传发育所通过组织面向国内和境外的新闻发布会、记者通气会、新闻通稿发放、记者采访等活动，引导报纸、杂志、广播、电视、网络等公共媒体关注、报道我所科研和管理活动中有新闻价值的工作。

基于互联网的科普成为最便捷、最有效的科学传播方式。遗传发育所利用院网站群和院各级各类机构官方微博、官方微信、手机报等新媒体平台主动发布工作信息，并依据发布平台特点与公众进行互动交流。

科教视频是遗传发育所在新闻宣传方面进行的有益探索。遗传发育所与中央电视台等新闻媒体合作，制作科教视频，把科技成果通俗易懂地讲解给公众。《小菌株大作为》《搭建脊髓神经桥》《锄禾者新说》《盐碱地种出甜高粱》和《分子育种》等一批科教片的制作和播出，成为公众津津乐道的科学话题。

为了让科学深入民间，遗传发育所还积极参与"中国科学院公众科学日"科普活动。截至2019年，遗传发育所已经15次参与了公众日活动。

科研人员向参加公众日的中学生讲解小麦杂交育种

在北京，上百名中小学生前来参观，大家走进了国家重点实验室、"小麦的故事"展厅、现代化植物温室和苗圃区、动物实验中心等场所参观，听取了生动活泼的科普报告；在海南，科研人员带领青少年参观了陵水南繁育种基地，向他们讲解现代农业的育种过程等。

通过形式多样的活动，遗传发育所向公众展示了重大科技创新成果，解读热点科学问题，分享科学故事，普及科学知识，激发了参观者学科学、爱科学、用科学的热情和探究生命奥秘的兴趣。

"原来科学家并不高冷，科学也很有趣！"不少参加活动的学生感叹道。从专业性极强的科学交流到大众化的全民科普，促进科学家和公众之间的平等互动，弘扬科学精神、启蒙创新思维，正是新时期科学传播要去点燃的火花。

回顾过去，展望未来。历经数十年积累与探索，遗传发育所的科学传播实现了内容从专业化到大众化，手段从单一化到多样化，形式从平面到立体的全方位转变。如今，这条科学传播之路正与时俱进地通向更广阔的未来。

分管科学传播工作的遗传发育所现任纪委书记申倚敏说："探索科普的最佳方式，加强科学家和媒体合作，让适合的人来做科普，是我们今后的工作目标。"

为科技创新凝心聚力

导读

　　遗传所第一届党委成立于 1966 年。自那以后，党建工作在研究所不同时期的建设中发挥了政治核心、方向引领、精神塑造、凝心聚力等重要作用。管理以效能为本，效能以人为本。党的组织建设决定着一个单位的凝聚力和战斗力。对于遗传发育所这样的国立科研机构来说，做好党建工作，就能够发挥战斗堡垒作用，为实现科技强国梦凝聚人心、汇聚力量。

　　2018 年春节前，120 余封手写家书从遗传发育所陆续发出，寄往北京、上海、武汉、成都、内蒙古等地。在遗传发育所的党支部的组织下，学子们在家书中向父母亲友表达情思、讲述求学经历和科研的艰辛。

　　收到家书的家长对这样的沟通方式表示异常惊喜和感动，有的将儿女手书珍藏起来，有的甚至要把手书塑封起来挂在墙上。家长们纷纷回信鼓励孩子要志存高远，学好本领、报效祖国，为中国的科技强国梦贡献力量。

　　基层党组织既是改革创新的"先锋官"，也是保持稳定的"稳压器"，工作的关键在于"润物细无声"。遗传发育所 60 年的发展历程中，这样"春风化雨"的案例层出不穷。遗传发育所党组织一直以这样的方式在科技创新中发挥着"战斗堡垒"的作用，推进改革、促进发展、化解矛盾。

初建时期——确定方向，平衡发展

中国科学院原来不实行党委制，科学院的领导是党组，各所的领导是领导小组。1959 年 9 月，遗传所成立。这一时期，遗传所由钟志雄、祖德明等组成的领导小组进行领导。

1965 年，中国科学院学习空军，开始建立政治机关，并实行党委领导制。1966 年 2 月，遗传所成立了第一届党委，由钟志雄任党委书记。之前的领导小组成员大多成为第一届党委委员。这些成员也大多是学术委员会委员和所务会成员，所有大事一起做。

在动荡的历史时期，党委工作、学术委员会工作和日常行政工作交织在一起，在研究所发展中发挥了两方面的重要作用——促进各学派均衡发展和推广有实效的研究成果。

遗传所成立之初，遗传学中存在米丘林学派和摩尔根学派之争。遗传学如何发展？课题的选择和学术上的发展方向是什么？研究所如何管理？这都是很大的问题。

1960 年，遗传所成立学术委员会，并在之后的"五定"（定方向、定任务、定人员、定设备和定制度）和"三定"（定方向、定任务、定研究室设置）工作后，明确了遗传所"注意学科发展和服务国民经济建设的基础上，加强基础理论研究"的发展方向，打开了米丘林和摩尔根学派共同开展研究的局面。

不同学派共同研究，在遗传所结出了丰硕的成果。当时遗传所每隔两三年就选育出一批新甘薯品种，种植面积之大也备受瞩目。遗传所还在山东、河南等地推广了几个早熟黄豆品种，也取得了不错的成绩。

变革时期——统一思想，促进融合

遗传所发展的历史似乎总离不开一个"合"字。不管是学科的融合，还是机构的整合，党组织都在统一思想、凝聚人心方面起着重大作用。

1998 年，中国科学院启动"知识创新工程"试点。在此背景下，

2001 年，遗传所与发育所整合，组建遗传发育所。2002 年，农业现代化所并入新组建的遗传发育所。

三套人马，三种不同的文化氛围，如何让大家彼此适应，将大家拧成一股绳，朝着更好更高的建设目标前进？遗传发育所党委感到责任重大，却"急不得"。

这一阶段的党建工作主要围绕党员发展和凝聚人心两个方面开展。遗传发育所十分重视发展从海外回国的引进人才的入党问题，薛勇彪、张爱民、左建儒、王道文、杨维才、李巍等同志都在回国后相继成为入党积极分子，之后加入中国共产党。

"其实很多当时回国的科研人员在出国前就有向党组织靠拢的意愿。"负责具体工作的张丽华回忆，"如果不进行深入的交流，他们很可能感觉不到来自党组织的关心。"那些年，除了做党建活动，张丽华大部分时间是带着各种党建宣传材料去找科研人员沟通交流，了解他们工作中的难处，倾听他们对研究所发展的意见。遗传发育所领导对于这些反馈意见也特别重视，让更多的科研人员感到被重视，找到了"做主人"的感觉。向党组织靠拢，承担更多的工作和更大的责任，成了那段时间科研人员的共识。

除了在科研人员中发展党员，当时党组织还特别重视青年学生党员的培养。

青年学子是战斗在科研最前线的重要力量。对离家很远的学生来说，党组织就像一个温暖的小太阳，让他们在异乡找到新的"亲人"和挚友。这些学生党员中部分人后来留在了遗传发育所，在科研和行政管理岗位上扮演着重要的角色。

如今已经年过古稀的张丽华对当时的很多工作细节已经记不太清楚，但是总结起工作经验，她认为，党建工作的意义就在于"涓涓细流汇成大海"，党建工作的重点在于感知当时环境下科研人员和学生最迫切的需求，持续不断地去做重复的事情，直到"量变"成为"质变"。

比如，农业现代化所并不在北京，三所合并之后，要让这些在外地的科研人员感受到所里的关怀，了解所里的政策、制度和文化，张丽华就利用干部考核的一天出差时间，跟当地负责党建的工作人员沟通，多做两地联合的活动。

人心齐，泰山移。在一系列活动中，原来三个研究所的科研人员彼此逐渐认识、了解、交流。这对三所"整合"到三所"融合"起到了至关重要的作用。

新时代——博观约取立品牌，厚积薄发重率先

经历过三所整合后，全新的遗传发育所在中国科学院知识创新工程中异军突起。2005 年，遗传发育所创新二期评估优秀，进入院知识创新试点工程；2010 年，遗传发育所创新三期评估优秀，进入"创新 2020"整体择优试点启动阶段；2015 年，遗传发育所创新研究院申请立项获批，正在"率先行动"的号角声中蓄势待发。

遗传发育所何以取得长足的发展？遗传发育所几届党委班子带领各级党群干部不断总结经验、研究探索，得出的结论是：科技创新是党领导的中国特色社会主义伟大事业的重要组成部分，是全面推进党的建设新的伟大工程，是完成伟大事业的根本保证。坚持党的领导、加强党建和创新文化，保证了遗传发育所的"国家性质"，塑造和引领了遗传发育所科研人员的精神。

为了将这种奋发有为的精神和文化进行挖掘凝练、继承创新，2012年起，遗传发育所党委积极探索"一体两翼"的发展思路："一体"指的是研究所综合管理的"四位一体"架构；"两翼"指的是两大党建创新活动品牌"遗传发育所精神"和"绿色科研"。遗传发育所党委设立了每一年的活动主题和关键词。

通过"遗传发育所精神"党建创新活动，遗传发育所探索凝练特色文化、进一步深化价值理念。现在大家耳熟能详的"厚德、笃志、求索、创新"，便是当时遗传发育所齐心协力的成果之一。

厚德，是遗传发育所的品质，即拥有良好的道德素质和严谨求实的学

术风气；笃志，是遗传发育所的情怀，即志存高远且笃定地努力追求；求索，是遗传发育所的动力，即在生命科学的道路上兢兢业业、积极奋斗；创新，是遗传发育所的灵魂，即寻求突破，超越以往及国际同行。

遗传发育所建立并逐年升华特色党建品牌

在此基础上，遗传发育所党委策划了一系列主题实践活动，如主题征文比赛、主题摄影比赛、主题微电影拍摄、主题脱口秀比赛、主题网站建设等。通过参与这些活动和学习童第周先生、李振声先生等身边榜样的故事，遗传发育所精神深深烙在每一位职工和学生的心里。

此外，遗传发育所党委还推出了"遗传发育所精神大讲坛"系列讲座，力邀国内外著名专家学者或创新企业家分享自己的成长历程和内心感悟。中国科学院院士潘建伟、张旭、匡廷云、周琪，中国科学院外籍院士王小凡等科学家，以及王庭大等同志，都曾参与本系列活动。科学家以自身的科研经历，激励青年科研人员勇于挑战，敢于创新。

2015年，伴随中国科学院"率先行动"计划的全面实施，在文化内核一脉相承的基础上，遗传发育所继续创新，推出反映时代主旋律的"绿色科研"品牌活动。

何谓"绿色科研"？简单来说，其内涵包括高效科研、节能科研、美丽科研和快乐科研。它要求研究所提升管理效率，为科研人员创造更加快

遗传发育所绿色科研的基本内涵

乐、更加轻松、更加纯粹的沉浸式科研氛围。

　　为将"绿色科研"落到实处，遗传发育所以新科研楼为试点，全面推广使用"绿色科研"专用 logo，配备绿色标识。遗传发育所还开通了"绿色科研"微信平台，定期发布"绿色科研"行动指南，并将微信平台作为系列活动征集和展示的平台，深化绿色理念。秉承"绿色科研"理念和谋事要实的态度，遗传发育所组织了各类培训，全方位提升科研和管理水平。

　　在"绿色科研"氛围营造方面，遗传发育所党委制作了《遗传发育所精神采访纪实》《羊年喜洋洋之遗传发育所》《匆匆这年》等反映遗传发育所人科研生活和精神面貌的微视频作品，设计了"遗传发育所科学文化之旅"（IGDB Science & Cultural Tours）参观路线，从智能温室、实验动物中心、研究所展室、基因编辑平台，到职工之家和馨聆小屋，全方位、多角度、立体化展示了遗传发育所的创新文化。

　　作为党委的"细胞"，党支部的活跃程度决定了党委各项决定的执行力。在"绿色科研"的主旨下，遗传发育所支持各个支部开展跳蚤市场、每周快乐健走、爱心捐衣、共享书架、美丽实验室创建等广受欢迎的活动。各支部还在工作实践中，总结和提炼出更加适合本支部的工作方法。

凭借连续开展的党建创新品牌活动，遗传发育所的党建工作近年来连续荣获中国科学院京区党委党建创新工作一等奖（1次）、二等奖的第一名（3次）、全国党建研究会二等奖（1次）。截至2018年年底，遗传发育所已拥有党员658人，在部分重点实验室，党员的科研产出比非党员的科研产出更加高效，充分体现了党组织和党员对自身的更高要求。

遗传发育所党建与创新文化成效突出

遗传发育所现任党委书记胥伟华表示，研究所要深入贯彻、落实习近平总书记"三个面向、四个率先"的要求，不断加强组织力建设，全面发挥"战斗堡垒"的作用。用理想信念教育人，做好思想筑垒的工作；用机制体制激励人，做好制度固垒的工作；用创新文化凝聚人，做好文化强垒的工作。党建创新紧贴科研主旋律，反映"率先"新要求。

胥伟华希望，通过调动方方面面的积极性和创造性，党政一盘棋与党群相融合、科研和管理双肩挑相融合、老中青经验与活力相融合。在遗传发育所整体可持续发展和职工幸福感提升上狠下功夫，努力做到"自豪感、满足感、成就感、公平感、归属感"五感同步发展。通过大家共同努力，让"家"——遗传发育所不断发展壮大，真正让遗传发育所的每一块金子都能发光，真正让遗传发育所的每一位同志都能由勤奋的"追梦者"，成长为"承梦者"，最后成为"完梦者"！

第四部分

访 谈 录

Interviews

我要把人生变成科学的梦，然后再把梦变成现实。

——居里夫人

让先进技术服务于解决"根源问题"

——原中国科学院遗传研究所所长陈受宜访谈

导读

在整整30年前，陈受宜还是植物分子生物学研究领域的"新手"，到遗传所走马上任前与当时的科学院领导"约定"达不到目标就回生物物理所。弹指一挥间，今天的她已经成为一名资深植物分子生物学专家，深深扎根于遗传发育的土壤。在担任原遗传所所长8年期间，她携手班子成员让研究所评级走上新台阶，在如今寸土寸金的北京北郊拥有一片200亩的农场，引进基因组研究"三剑客"孵化出中国科学院基因组所和华大基因，让中国成为参加人类基因组研究计划的唯一发展中国家。

陈受宜，1940年生于北京，植物分子生物学家。1991～1999年担任中国科学院遗传研究所所长。

问题：您是如何与遗传所结缘的？

陈受宜：我大学毕业后到中国科学院生物物理所工作，期间从1981年到1984年在美国进修，回来后恰逢中国科学院负责主持全国"七五"计划的立项和评审，当时院里借调了遗传所朱立煌研究员协助项目评审，他出国交流后，我去顶替他。随后，我又被国家科委借调参加"863"项目的组织实施。在此过程中，遗传所要换届，可能因为我的这些科研管理经历，院里就决定让我从生物物理所调到遗传所工作。

我在大学学的是动物生化，进修回国后才开始做植物分子生物学方面的研究，在农业育种方面没有经验，担心胜任不了。当时在遗传学领域，复旦大学有谈家桢先生的威望和遗传学研究的积淀，复旦遗传所办得风生水起，国内外影响都很大，而中国科学院遗传所各方面相对滞后，尤其是遗传学基础研究方面，因此感觉到遗传所工作压力太大了。但是，院里的决定不能改变。于是，我就跟院里说，假如我不能让遗传所的学科发展有起色，就让我回原单位。1989 年 4 月 19 日我到遗传所上任，担任常务副所长，主持工作。

到岗后，我首先拜访了所有的学科带头人，主要是听，了解他们的研究内容和成果，对研究所的发展有什么想法，并一一记下。有些想法，例如有位研究员说，"遗传所就是做育种的，建议改名为遗传育种所"，虽然我并不认同这一观点，但是还应尊重他们的意见。由于对育种工作不了解，因此所里每年组织的田间观察我都参加，6 月看小麦，秋天看水稻、大豆、薯类等，从中学习了很多育种知识，熟悉了所里的环境和文化。

问题：从 1991 年到 1999 年，您担任遗传所所长。当时研究所发展情况如何？

陈受宜：遗传所的底子是两块，一块是动物和人类遗传学，遗传病咨询服务还是得到了社会的认可；更强一些的是植物遗传学。所里非常注重传统遗传育种，李振声院士等的小麦高产稳产品种，梁正兰研究员的棉花远缘杂交理论及其成果'石远 321'，林建新组培育的大豆亩产达到 300 公斤，水稻、玉米和甘薯的研究等对育种理论和实践都有很大贡献。"文化大革命"期间，研究所开展了花药培养研究，这一成果缩短了育种周期，很快被推广应用。当时，在主要农作物遗传育种方面，我们所占有一席之地，特别是在徐冠仁院士指导下，研究所首先开展了杂种优势利用研究，是以高粱为材料，之后作物杂种优势利用的研究才发展起来。去年开会时碰到棉花所的专家，还问起我们所棉花育种的情况，他们在育种中一直沿用梁先生的理论，因此对梁正兰先生非常尊敬。但遗憾的是，随着老先生们的退休，没有很好地传承下来，也许是分子遗传学的发展使年轻人更愿意进入分子生物学领域吧。其实育种研究做起来更难，需要积累丰富的经验，单单知道理论是不行的。当时我们也非常希望能招年轻的接班人，可是一直未能如愿，非常遗憾。

问题：任职期间，您对研究所的发展有何布局？

陈受宜：一个研究所的发展主要靠人才、经费和信息。当时所里有一些遗留的矛盾，我希望课题组有了自己的经费，用心做自己的事情，矛盾少了，产出就多了。但当时全所经费只有500多万，包括各种必要的开支，例如医药费、国家给的各种额度的补贴政策，等等。因此在我的任期内，主要琢磨的是筹措经费。

在研究经费方面，所里努力申请院里的重大项目和科委、"863"以及自然科学基金委等的各个项目，同时利用研究所在细胞学研究方面的优势，比如单倍体育种、水稻转化系统和人工种子等资源，积极参与国际合作项目，例如洛克菲勒基金会、拜耳公司、孟山都公司的合作项目。

在科技信息方面，那时候还没有网络可用，我们尽力建好图书馆，订了最合适的杂志，让大家可以查到最新的研究进展。

在平台建设方面，我们所的强项是遗传育种，需要试验基地。在农场场长池建义的帮助下，经过近一年的考察，发现在西北旺和平西府各有一千亩连片农田，1万元／亩，非常兴奋，立即向院里申请购买。可惜院领导只批示购买200亩，这就是现在的平西府农场。

任职之初，科学院对研究所进行评估时，我们所在五项评估中只有两项是B，其余的评级都是C，我那时决定目标至少有一项达到A，其余几项达到B。结果，1999年10月我卸任后，次年1月份评估的时候我们所是四项A，一项B。所以，我的目标算是完成了。

问题：您在任期间，邀请杨焕明、于军、汪建"三剑客"加入遗传所，完成了人类基因组测序的中国任务，当时所里做这件事的背景是什么？因为这段历史，遗传所孵化出了华大基因和中国科学院北京基因组所，请您讲讲当初的故事。

陈受宜：遗传学的根本是研究遗传规律，包括染色体和基因组的解析。当时研究所在遗传学基础研究方面相对滞后，想要快速地推进和提升。我和朱立煌副所长商量后决定，目标锚定新兴学科基因组研究。当时朱立煌组在构建水稻遗传图谱上的成绩已经被学界所公认。但是对于基因组的研究，我们没有人力，也没有设备。要想在基因组研究中有建树首先得有"领头羊"。

强伯勤院士告诉我，杨焕明热衷于基因组研究。与杨焕明联系后知道，与他志同道合的还有汪建和于军。汪建在国内主持一个检测试剂盒的公司，有超强的组织能力，于军当时在西雅图华盛顿大学 Olson 实验室，是基因组测序方面的专家。他们三位志向一致，各有所长，组合起来就能解决人才问题。因此决定请他们加入我们所，成立了人类基因组中心。于是，1999 年 7 月在国际人类基因组注册，承担其中 1% 的任务，这使中国成为参加这项研究计划的唯一发展中国家。

当时测序又慢又贵，需要很多经费和人力。我们把当时的动物遗传实验楼终止出租，作为他们的实验场地，收集了几台老测序仪，从路甬祥院长那里获得 20 万的院长基金，在院业务局争取了 10 万美金购买仪器，还从上海基因组中心争取到 70 万元的支持，在研究所研究经费十分紧张的情况下，挤出一部分资金，这样加起来一共约 200 万元，研究起步了。

完成 1% 人类基因组测序，提升了我们所的学术地位。杨焕明他们又开始对水稻基因组测序，用的材料是袁隆平院士的'籼稻9311'，该论文发表于 *Science*，尽管当时的图谱不完善，但是这是国际上第一张水稻基因组框架图。基因组研究一系列工作上取得的突出成绩，极大地提升了我们所的地位。也正是因为基因组学研究的重要性及突出的成绩，2003 年，人类基因组中心独立为北京基因组研究所。

问题：在世纪之交，遗传所、发育所、石家庄农业现代化所合并。您如何看待合并后遗传发育所的发展？

陈受宜：遗传和发育是连在一起的，在学科上，它们是一体的。研究发育离不开遗传，只做遗传也难以解析生物学的根本问题。2001 年合并遗传所和发育所是非常有远见的。石家庄农业现代化所是第二年加入进来的，实际上在我担任所长之前，遗传所与农业现代化所两边就有很多合作研究。李振声副院长从西北回到北京后，他的助手就在农业现代化所继续研究和推广小偃系列小麦育种。河北省也是小麦主产区，农业黄淮海中低产田治理和渤海粮仓工程也一直进行着。因此三个单位的合并有利于学科的发展，也有利于我们对农业可持续发展做出贡献。

问题：您对遗传发育所和我国遗传发育学未来发展有何寄语？

陈受宜：关于未来发展，作为科学院的研究所，一定要在生命科学理论方面有所突破，解决一些根源上没有解决的问题。遗传发育是生命科学的根本，目前发展了许多新技术和新手段，为解析遗传发育方面的许多老问题提供了条件。目前提倡科学振兴国家，从上到下，方方面面都更加注重科学，对科学的投入不断增加。同时研究所在引进人才方面做得很好，各方面蒸蒸日上。以前 CNS [*Cell*（《细胞》）、*Nature*（《自然》）和 *Science*（《科学》）] 杂志根本没有把中国人看在眼里，现在我们所发 CNS 论文很普遍。国家科技政策也越来越契合科学发展的规律，体现了思想上的进步。科技革命正在塑造全球经济的新格局，只有提高基础研究水平和实力，才能实现伟大复兴的中国梦。面对未来，我们所的全体同仁将不懈努力，在解析遗传发育中的根本问题和国家可持续发展中做出更大贡献。

"把科学当作自己的主人"

——原中国科学院石家庄农业现代化研究所所长、中国科学院院士刘昌明访谈

导读

1992 年，中国科学院人事局的一纸调令让他从位于北京的地理研究所到石家庄农业现代化研究所（现"遗传发育所农业资源研究中心"）走马上任，担任所长，一干就是十年。期间，他在研究所设立研究生点，创建刊物，强化优势研究台站，建立省重点实验室，并申请承担了一批重大科研任务。正是因为十年如一日把汗水洒在"燕赵大地"，刘昌明在 2012 年获得河北省科学技术突出贡献奖。

已是耄耋之年的刘昌明院士依然关心着中心和遗传发育所的发展。关于科学精神的传承，他希望青年科学家"把科学当作自己的主人"。

刘昌明，1934 年 5 月出生于湖南汨罗，水文水资源学家，中国科学院院士。1992~2002 年担任中国科学院石家庄农业现代化研究所所长。

问题：请问中国科学院石家庄农业现代化研究所是在什么情况下建立的？与遗传发育所最初是如何产生关联的？

刘昌明：先说石家庄农业现代化研究所的背景。它是 1978 年建立的，一开始是示范县。20 世纪 70 年代抓革命促生产，为了响应农业、工业、国防和科学技术四个现代化，中国科学院跟着行动。当时重点建立了三个农业现代化样板县，分别是黑龙江的海伦、河北的栾城和湖南的桃园，目的是解决科技与农业生产脱节问题，引领和支撑农业现代化建设。后来，示范县改称研究所，栾城农业现代化研究所更名为石家庄农业现代化研

究所。

农业现代化所和原来的遗传所之间产生关联，与遗传所老所长李振声院士分不开。李振声从北京调到中国科学院西北植物研究所，在陕西杨凌工作了近三十年，主要搞'小偃6号'麦草远缘杂交。20世纪80年代，李振声带领的"农业科技'黄淮海战役'"就涉及河北省的很多地区，为我国盐碱地中低产田改造做出了贡献。1987年，李振声从陕西回到遗传所之后就选择了一些试验站继续做遗传育种，其中包括农业现代化所的实验基地。当时，还有一批从事遗传育种的科研人员也跟着他一起回来了，钟冠昌就是其中做遗传育种的主要骨干，他在农业现代化所做育种和新品种遗传学研究。所以，从历史关系上讲，李振声起到了纽带作用。

问题：1992年，您为什么会从地理研究所到石家庄走马上任？当时农业现代化所的学科发展和环境如何？

刘昌明：20世纪90年代初，农业现代化所换届选举，正所长迟迟没能选出来，事情反映到院里人事局，就决定从北京选派人。当时竺可桢副院长提出地理学要为农业服务，就把我调到石家庄担任所长。我是学水文水资源的，在农业黄淮海综合治理中负责水资源的部分，也写过《华北平原农业水文与水资源》的专著，这使我跟农业更加接近了。

我去了之后发现农业现代化所堪比一个小农科院，农业、种业、畜牧业、生物技术都有，还有农业经济。当时科学院面向全国做示范，农业现代化所在国际交流上起了个好头，一些最先进方法、技术都在那里做示范，比如有日本赠送的一套最先进的塑料大棚设施，配置现代化的装备；美国赠送的喷灌机两边伸着长臂，像蜻蜓一样，这些都是在国内起着引领作用的农业科技示范。全国去参观"农业现代化"的人很多。

但另一方面，所里的研究人员学历水平和素质参差不齐，科学院的人不到1/3，省里的人和地方上的人各占1/3多一点。当时正处于改革开放下海的时候，有很多科研人员去做生意，我到的时候所里有7个公司。当时有句话叫作"富了和尚穷了庙"。公司盈利，赚了钱是个人的，但它用的资产、设备都是所里的，都是无偿或低价使用；公司要是赔本，就把研究所资产作为抵押，人家打官司要求还债，要把楼划归给他们，弄得非常被动。所以，那个阶段工作有很多挑战。

问题：从1992年到2002年，您担任农业现代化所所长整整10年。期间，您对研究所的发展有何布局？

刘昌明：第一，我看到所里从来没有建立过刊物，去很多单位了解情况后，就申请创办了《生态农业研究》的新学术刊物，后来改名为《中国生态农业学报》。第二，研究所没有研究生，因为我当时是博导，就申请了研究生培养点，马上招新生。现在全所研究生达到近130人，包括20多名留学生。第三，强化所里的优势。所里搞农业的实验站、示范站比较多，我重点抓三个站，在太行山站研究山区农业和水土资源，在山前平原高产区栾城站主抓农业生产和可持续性问题，在南皮站做盐碱土改良和咸水利用，现在这三个站都发展起来了。第四，承担重大任务（包括国家自然科学基金"八五"重大项目"华北平原节水农业应用基础研究"），利用三个实验站发展节水农业的理论与应用研究，申报并获批了河北省节水农业重点实验室和中国科学院农业水资源重点实验室。

问题：2002年，农业现代化所与遗传发育所异地整合，成立了"遗传发育所农业资源研究中心"，保留独立法人资格。您如何看待该中心的角色定位，以及合并后遗传发育所的发展？

刘昌明：整合进来以后，农业现代化所的走向是科学院在地方上的研究机构，科研上是独立的，在为河北省服务的同时，立足华北，放眼全国。石家庄的基础很好，有人才储备与河北省政府及中国科学院的支持与领导，加之良好的气候、地形条件，可以结合农业和资源两个学科，从跨学科的角度做出创新。

合并后，三个所都有发挥的空间。在学科研究上，北京主要进行遗传发育基础理论和应用方法的研究，石家庄可以支持北京在学科理论上的发展。在应用上，可以结合石家庄的农业资源条件，做一些示范和实验，形成有机的配合。河北省也是我国的 12 个主产粮区之一，这种结合始终可行。在实践方面，研究所有三个来源，包括做遗传的、发育的、农业资源的，不要站在自己的学科上说谁整合了谁，而是站在三个学科的立场上本着科学精神进行跨学科的创新研究。

我们强调科研要考虑综合性、系统性，它正是一个体现。不能说只有在实验室做实验才叫作科研，要实验室内外的研究互相补充、互相支持、互相渗透，做跨学科发展。遗传发育所可以很好地利用石家庄的优势，在不同的资源配置之下，发展成为国内外有影响的农业科技大所和强所，为国家的农业发展作出新贡献。农业是一个非常综合的行业，毛主席讲过的"土肥水种，密保管工"八字方针今天仍然有现实意义，尤其是水资源的可持续利用和农业生产对环境影响问题越来越重要。

问题：今年是建国 70 年，建所 60 年，您对遗传发育所和我国科学发展有何寄语？

刘昌明：创新是我们这个时代的主旋律，也是中华民族复兴的一个重要方向。我们要创新，就要不拘于西方发达国家的技术。很重要的一个事情是能够发扬中华的哲学思想，并将它与马克思主义的唯物辩证法一起结合到自然科学方面来推动科研工作，不搞形式主义，不搞忽悠。

正如爱因斯坦的相对论，即使一个人有了一定成绩、有了一定建树，他仍然需要学习，需要钻研，知识有限学无限，永无完美。创新的路子有很多，马克思主义的认识论，即知识的相对性，没有绝对真理认识。总有尚未认识的问题，就有可以探索的空间，填充空白，做出创新。

问题：您赞同的科学精神是什么？如何看遗传发育所科学精神的薪火传承？

刘昌明：我认为一个人的"德"是最重要的，如果没有很好的品性，没有很好的道德，他思想是分散的，会出现投机，往往会因为利欲熏心或者个人利益的得失造成一些危害。所以搞科研切记不要有个人主义，要把科学当作自己的主人，而不是把自己当作科学的主人。你是要为她去献身的，德行不好肯定做不下去。

我曾经告诉学生 16 个字：淡泊名利、杜绝忽悠、读书万卷、践行万里。谈薪火传承，我认为同样应该从"德"字出发，先做人，再做学问。其次，学习是永恒的，这是科研的基础。但不能以严师自居，而是应该以交朋友的方式给学生讲做人与做学问的道理。

"要敢于研究难的重大科学问题"

——原中国科学院发育生物学研究所所长孙方臻访谈

导读

　　"在中国科学院，我们踏在前人搭好的阶梯上向前进，然后搭建后人攀登科学高峰的新阶梯，如此形成通往终极目标的一个接一个的阶梯。"1994年，32岁的孙方臻从英国剑桥大学回国就被任命为发育所所长。回顾来径，孙方臻已近圆梦：建立了发育生物学的研究平台；开展了引领性的细胞重编程研究；培养出一批优秀人才。如今，他依然在科研路上求索，希望利用所学，为人民做点事。

孙方臻，1962年9月出生于山东，分子胚胎学家。1994~2001年担任中国科学院发育生物学研究所所长。

　　问题：您在从英国剑桥大学回国到发育所工作之初，就被任命为所长。这背后有什么故事吗？

　　孙方臻：如果说有什么故事的话，都是幸运的故事。

　　第一，我很幸运在大学毕业时就被国家公派到英国剑桥大学攻读博士学位。邓小平先生开创了改革开放的伟大时代，我才有机会出国深造。第二，我很幸运师从国际著名分子胚胎学家、英国皇家学会会士 Robert Moor 博士，他指导我进入了哺乳动物细胞核移植及重编程研究的前沿领域。第三，作为一名刚刚走出中国大学校门的学子，我特别幸运在剑桥大学这样一座世界著名的大学深造，各方面得到了很好的训练。第四，我很幸运得到了周光召院长等老一代中国科学院领导的关怀和信任，让我有了在中国科学院发展的机遇。

在剑桥，我不仅得到了导师的指导，还得到了发育生物学领域几位大师的指导，他们包括首次分离获得了哺乳动物胚胎干细胞的马丁·埃文斯博士、在人类体外受精取得重要突破的爱德华兹博士、首次证明了动物分化的体细胞具有发育全能性的约翰·格登博士。剑桥大学给我的最大启迪是：科学家要敢于去问难的科学问题，敢于独辟蹊径去取得成功。

1990年，我获得剑桥大学博士学位，在《发育》期刊上发表了关于重编程的研究工作，被剑桥大学Wolfson学院选为Fellow。当时我还担任剑桥大学中国学生会主席，并牵头成立旅英中国学者学生生命科学协会。之后，我受到时任中国驻英大使馆教育参赞蔡佩仪教授的鼓励，为中国科技发展提出建议。于是我便写了一份报告，建议我国大力发展发育生物学，加紧部署干细胞领域的前沿研究。这份报告被送到中国科学院。

1992年夏天，我们一家回国探亲，被中国科学院生物局安排与时任中国科学院院长、"两弹一星"元勋周光召先生见面。周院长和时任副院长的李振声院士及有关局领导与我们谈了大约三个小时，设午宴款待我们，鼓励我们回国工作。周院长说，中国科学院发展进入了关键时期，迫切需要优秀的年轻科学家回国工作。至今，我依然难忘周院长和中国科学院老领导们那种对青年一代的关怀和期待，他们所体现出来的爱国之心与人文情怀，对我和我的爱人触动很大，我们做出了回国工作的决定。此前，发育所的老所长严绍颐教授曾到剑桥访问格登教授，我接待过他。因为专业对口，我们选择了到发育所工作。

问题：当时所里的环境如何？您担任所长后主要从哪些方面做了部署？

孙方臻：1978年，在童第周先生和牛满江先生的倡议下，发育所成立，目标是发展成为一个小而精、有特色的现代发育生物学基地。但到了20世纪90年代，童先生打下基础的那个团队，大部分科学家都退休了，人才青黄不接。就是在这样一个困难的时期，我被中国科学院任命为发育所所长，担负起领导研究所的重任。

我认为一个科研机构的发展离不开三大核心要素。一是要有优秀人才，要以杰出科学家为本；二是要争取获得财政支持，让创新研究有条件做下去；三是要有好的科研环境和条件保障。所长的使命就是重点抓这三大要素。困难时期取得成就不容易，我们在以下方面做了一些工作。

第一，在中国科学院领导的支持下，成立了中国科学院分子发育生物学开放实验室，周光召院长给了很大支持。现在这个实验室已发展成为国家重点实验室。第二，吸引优秀科学家加盟。当时发育所研究队伍比较小，我希望吸引发育生物学领域最前沿且有研究特色的科学家加入。当时并没有现在这么多的人才政策，没有特殊待遇，引进人才十分困难。我们从国内及国外相继引进了几位青年科学家。遗憾的是，还有几位科学家我们很感兴趣，做了很多沟通，但是因为其所在单位坚决不放而作罢。第三，建设了发育所第一个博士点和博士后流动站，为后面研究所培养人才奠定基础。在此之前发育所博士生招生都挂靠在中国科学院动物所，我们要对动物所曾经给予的帮助和支持表示感谢。第四，推进国家级项目立项并开展创新研究。发育所作为项目主持单位承担了"九五"期间国家自然科学基金委重大项目"异种器官移植的基础研究"，这是我国首个国家级异种器官移植项目，成功获得了中国第一批抗免疫排斥反应的转基因猪。如今，这方面研究依然是中国科学院"器官重建与制造"A类重大专项的重要研究内容之一。在这个生物医学前沿领域，我们推动了多学科交叉研究，引领了我国在这一重要领域的战略布局与启动发展。

问题：当时，国内第一篇《发育》期刊论文是怎么诞生的？这项成果在国际上引起了什么样的反响？

孙方臻：《发育》是国际发育生物学著名期刊，我们在国内独立开展的研究成果发表在这一重要期刊上，标志着回国后依然具备在国际前沿开展原创研究的能力。钙信号是启动新生命发育所必需的信号，并决定胚胎的发育命运。我们这篇文章首次用实验证明受精卵的钙振荡受卵子中特异母源装置的调控，其功能是一次性的。文章中提出了一个新概念。基于这一研究，后来我们在 BBRC 期刊上发表了更有理论价值的工作。发现细胞中存在着一个负调控胞内钙升高的新机制，阐明了 ERK1/2 结合钙离子通道 InsP3 受体上的一个特定磷酸化位点抑制了第二信使与 InsP3 受体结合，进而抑制了胞内钙释放。这是调控胞内钙释放的重要机制，如此"关闭"钙释放通道，避免了细胞内出现致死性钙升高。因为这项研究，我受邀到戈登研究会议（Gordon Research Conference）上作报告。

另外，我回国后做的更有价值的工作是识别卵子中负责打开致密染色质并启动重编程的关键因子及其作用机制。这是重编程研究领域的至今尚未攻克的难题。经过 20 多年的不懈努力，啃这块硬骨头，我期待这一新发现能被认可。

问题：您培育出了很多杰出的科学家，在选拔人才方面最看重什么？

孙方臻：我认为最重要的是人品正、内在的驱动力强、潜质与特质好。选择学生和博士后时，我会花比较长的时间一对一沟通，详细了解他 / 她的志向与追求、科学兴趣、过去所受的训练、对其有重要影响的人和事及个人突出的优缺点，重点考察一个人从事科学研究的潜质与特质。一个人品正、有志向的年轻人，若确实热爱科学、肯钻研、上进心强且动手能力强，即使他的考试成绩差一些，也会被录取。

问题：您当初回国的梦想实现了吗？

孙方臻：人只要还活着就应该追梦，这样活着才有意义。当时回国的时候，我有三个具体目标：第一是要为国家培养一批优秀的年轻人才，这一点已经基本实现；第二是创建一个发育生物学的研究平台。现在分子发育生物学开放实验室已经发展成为国家重点实验室，取得了一些原创性发现，初步目标已经实现，这是大家共同努力的结果；第三是用科技实实在在为人民做点好事。我已经做了若干尝试，把在剑桥时建立的技术进行了成果转化，个别目标已经实现。用知识造福人民的大目标依然有待实现，这也将是今后我继续奋斗的目标。

问题：今年是新中国成立70周年，也是遗传发育所成立60周年，您对遗传发育所和我国科学的未来发展有何建言？

孙方臻：在科学上，我们一定要敢于研究有挑战性的重大科学问题，做难且正确的事。要始终遵循科学发展规律，以优秀人才为本。在科研支撑方面，要下力气完善运行机制，让热爱科学、醉心科学的人能把全部精力聚焦到科学研究上，并尽可能地提供支持，促使他们取得重大突破。从贡献上讲，要成为一个不可替代的研究所，就必须能够做出影响世界的伟大突破。我祝愿遗传发育所在下一个60年发展过程中，立志更高远，更敢于大胆创新，致力于做出准诺贝尔奖水平的原创成果，力争对国家、对全人类的发展做出独特贡献。

 "一定要做开拓性、挑战性的工作"

——中国科学院遗传与发育生物学研究所原所长、中国科学院院士李家洋访谈

导读

从农村娃、建筑工人到中国科学院院士与多家国际著名科学院院士或外籍院士，他的经历让正在努力拼搏的人充满动力。从本科时的林学专业跨越到遗传学领域，并在全球水稻育种研究中做出开拓性成果，闪亮的成绩背后有他不为人知的艰辛和努力。从遗传发育所所长到中国科学院副院长、中国农业科学院院长、农业部副部长，一路行来他更觉得科技创新对于中国粮食安全和人口健康的重要性。从未放下过初心，如今全力回归科研，李家洋希望继续在水稻分子育种领域，踏踏实实解决一些挑战性的难题。

李家洋，1956 年出生于安徽肥西县，植物分子遗传学家，中国科学院院士，发展中国家科学院院士，德国科学院院士，欧亚科学院院士，美国科学院外籍院士，英国皇家学会会士。1999～2001 年担任中国科学院遗传研究所所长，2001～2004 年担任中国科学院遗传与发育生物学研究所所长。

问题：是什么让您在青年时期走上了遗传学研究道路？

李家洋：我大学学的是林学专业。因为渴望做现代生命科学前沿研究，所以有时间就去图书馆看科技方面的期刊与书。这让我了解到遗传学，特别是分子生物学与分子遗传学等分子水平方面的研究，是未来生命科学发展的前沿。我和一个朋友在安徽省图书情报中心办了借书证，凡是能借到的遗传学与分子生物学研究期刊我都会看一看。慢慢了解到这个学科范围很广，比如遗传工程、生物固氮、光合作用等等。当时看到童第周

先生做鲫鱼卵核酸对金鱼遗传性状的影响，给我留下非常深刻的印象。我期望能到遗传所读研究生，也一直"盯着"研究所的招生情况。1982年年初，我终于梦想成真，考入遗传所。

问题：据了解，在美国学习期间，您曾有机会在哈佛大学开展生物化学或医学方面的研究，为什么坚持研究植物？这与您后来回国到遗传所工作有关吗？

李家洋：博士毕业前后，我开始寻找博士后的研究方向，哈佛大学生化系和哈佛医学院的两位教授有意接收我做博士后，他们比较认可我在蛋白质与酶学方面的研究背景。但我想来想去，还是去了康奈尔大学从事植物分子生物学的研究。这跟我的早期经历有关，我经历过吃不饱饭的时候。中国有13亿人口，要吃饱吃好是个大事。从历史上看，历朝历代农民起义都是天灾人祸吃不上饭，才揭竿而起，所以粮食安全是关系治国安邦的大事。

我那时想，如果以后回国做农业研究，就一定要从事植物学最前沿的研究。当时康奈尔大学汤普逊植物研究所的Robert A Last教授刚刚在《科学》上发了一篇模式植物拟南芥的封面文章，受到非常多的关注，我就去找他，最后进入了他的课题组。我一直有回国的打算，觉得留在美国是锦上添花，而中国当时的科学发展亟须一批有新思想、新技术的人。尽管当时普遍认为国内还不具备开展真正的植物分子遗传学研究的条件，回来就不要在学术成就上抱太大期望，但我回国的初衷并未动摇。1994年8月起，我一边筹建国内的实验室，一边对美国的研究工作进行收尾。1995年4月底，就完全回国了。

问题：回国之初，我国市场经济刚刚起步，科研资助还比较少，科研设施与发达国家也有差距，您用了多久实现自己的初步目标？

李家洋：大概5年时间吧。当时下决心回来，就做好了打"持久战"的准备。2000年，我们课题组同时在3个领域发表了3篇文章，它们都是以模式植物拟南芥为研究对象，都与株型发育有关，发表在《植物学期刊》（*Plant Journal*）和《植物细胞》（*Plant Cell*）上。其中一篇是关于脂肪酸合酶基因的图位克隆。基因图位克隆技术是20世纪90年代国际上分子遗传学领域的一个重大进展。当时，把一个基因从基因组中分离出来，就像在全世界找一个人那么困难。我们在1996年获得基金委一个10万元经费的面上基金的支持，把基因图位的技术与系统建了起来，奠定了我国基因克隆的基础，也为我们后来在水稻中进行基因克隆提供了技术路线。25年来，我们在《植物细胞》上共发表了10多篇文章。今年是《植物细胞》办刊30周年，我们应邀撰写了一篇评述文章，探讨了分子遗传学领域的一些先驱性研究对作物农艺性状解析以及作物设计育种改良的重要贡献。

问题：回国25年来，您在水稻研究领域做出了很多开拓性的研究成果，获得了国家自然科学奖一等奖、未来科学大奖等荣誉，您从美国回来后就已经决定研究水稻了吗？

李家洋：我在美国做博士后研究的工作主要是围绕模式植物拟南芥展开的。回来之后，为了要生存下去，只能先从开展拟南芥方面的研究工作开始，因为研究周期相对短一些，可以早出成果，让课题组"活命"，比如2000年我们发表的三篇论文都是拟南芥上的工作。同时，我一直在考虑做农业方面的研究，那做什么作物呢？是小麦还是水稻，是玉米还是大豆？因为水稻是更重要的主粮，所以最后决定做水稻。

当时，中国农业科学院中国水稻研究所的钱前博士正在遗传研究所朱立煌教授的实验室做水稻研究，我通常晚上要做到11点之后才回家，所以我们就有很多时间在一起讨论如何开展水稻的分子遗传学研究，认为水稻最重要的性状是产量，产量性状中最难的又是穗数（分蘖数）调控机理研究，所以我们就决定先从水稻的分蘖做起。经过7年的研究，2003年我们关于水稻分蘖控制的研究在《自然》上发表，大大促进了我国水稻功能基因的克隆与功能研究进展。

问题：您的很多学生已经在国内外高校任教，比如何奕昆、牟中林、李学勇。回忆起当初的科研时光，他们说跟着您学习很辛苦，但也很快乐。您对学生一般有什么要求？您认可的科研态度和精神是什么？

李家洋：首先，做科研要有一个远大的目标。这个目标要高于找工作、谋饭碗，也要高于对社会身份和地位的追求。事实上，每个人在潜意识里都有对理想的追求，都想做些别人做不到的事，你的目标应该是这样的理想追求。其次，要有信心和奉献精神。做生命科学研究，很累很辛苦，只有对自己的研究工作抱有信心，对新成果、新发现充满期待时，才不会觉得辛苦疲惫。再次，要有团队精神，能够和大家共享实验材料、实验方法和技术，平等地讨论想法、交流经验。最后，做科研必须有锲而不舍的精神。研究过程中一定会遇到很多困难、挫折和失败。如果你没有坚强的意志，很容易半途而废。

科学研究第一要求真求实，第二要求新，第三要服务社会。我希望我们做的工作都是原创的、引领性的。在这个过程中解决了一些问题，会让我们兴奋，有获得感。导师和学生在科研中应该是平等的同事、朋友关系，不是雇佣关系，不能把学生当作廉价劳动力。导师应该考虑学生未来科研生涯的发展，尽可能地为他们的发展创造条件。

问题：在世纪之交，遗传所、发育所和农业现代化所三所合并，整合为现在的遗传发育所，您担任第一届所长。很快，遗传发育所就被评为中国科学院A类研究所，当时研究所采取了哪些措施实现这一目标？您是否预料到研究所的发展速度？

李家洋：我们当时有三大举措，就是人才引进、国际评估和全成本核算三个方面。三所合并后，人才引进是核心，必须严格。我们要找接受过良好训练的青年科学家，还要围绕学科发展布局人才。对原来的遗传所和发育所的学科进行分析后，我们在细胞遗传学领域、表观遗传学领域、生物信息学和系统生物学领域等都做了规划。人才计划具有长期性，我们第一届班子只是做了一个好的开端。

人才引进后，怎么进行评估？让谁来评估就成为非常关键的问题。所里讨论研究后，决定请既了解国内情况但又没有利益冲突的专家，他们还要有学术权威性、能公平公正、只对事不对人，这样可以让我们充分清醒地认识到自己的研究在国际上的位置与差距，促进学科的发展。前两次评估我们分别请美国洛克菲勒大学蔡南海教授和美国杜克大学王小凡教授牵头，组织来自美、英、德、日等国家专家组分别对我们的植物和动物科学研究进行评估。后来，我们的评估经验推广到了中国科学院其他的生命科学研究所和国内高校，现在国际评估已经成为我国科研机构和高校普遍接受的一种学术评价模式。

施行全成本核算既是因为科学院改革的要求，也是因为当时研究所的经济压力特别大，一方面希望研究所能够在财务上处于良性循环之中，另一方面希望我们的科研和管理者能够高效地使用经费，把资源有效地利用起来，避免浪费。

一个研究所良好发展的前提是领导班子要团结。那个时候我回国不足5年，班子成员比较年轻，都缺乏管理经验，大家对我们还有些担心。我经常说，我们这个班子里的任何一个人也许都不是最强的，但我们团结、思想统一、行动一致，我们的战斗力一定是最强的。

现在回头去看，我从来没有想到遗传发育所会发展得这么快，这么顺利。从另一个角度看，这也是自然而然的结果，因为一个单位如果把大的方向定位找准，把需要的优秀人才引进来培养好，把学科、平台和环境氛围建设好了，一定会自然而然地发展起来，毫无疑问会走向国际前沿。从这一点来说，也在意料之中。

问题：您如何看待当前我国在植物遗传学领域的进展？您对遗传发育所未来的发展有何愿景？

李家洋：我觉得我国的植物遗传学研究目前在国际上位于第一方阵。一方面国家对基础研究的投入增加了，国内很多家科研机构和大学的植物遗传学研究都做得非常好。另一方面，中国科学家非常勤奋，研究水平上升很快，改变了十几年前的落后状态。

　　研究所现在的研究水平在一个相对高端的位置上，越往前走越难，最怕大家有维持现状的想法。我的愿景是希望未来研究所能够成为一个有水平、有实力、有内涵的攻坚队，一方面能够在国际上引领学科发展，另一方面能够对国家农业发展和人口健康做出实实在在的贡献。这就要求研究所要能凝聚人才，还要有创新思维，做更多开拓性和挑战性的工作。

创新发展离不开"凝心聚力"

——中国科学院遗传与发育生物学研究所原所长薛勇彪访谈

导读

科教兴国战略和中国科学院知识创新工程的实施，为遗传发育所带来良好发展机遇。2004年3月，薛勇彪接过"接力棒"，成为遗传发育所新一任所长。在担任所长的十年间，他见证了遗传发育所先后两次被评为中国科学院A类研究所。如今，谈起我国作物育种科学的发展现状，薛勇彪信心满满："在我国主粮作物育种核心技术方面，我们没有卡脖子的问题，在世界上绝对领先。"谈起这背后的关键，薛勇彪总结说："创新发展离不开'凝心聚力'。"

薛勇彪，1963年生于山西太原，植物分子遗传学家。2004～2014年担任中国科学院遗传与发育生物学研究所所长。

问题：您和遗传发育所是如何结缘的？

薛勇彪：我1983年从兰州大学考入发育所，我的硕士研究生导师是发育所创始人之一牛满江教授。那一年，世界上第一个转基因植物出现了，我希望做转基因研究，但却不懂怎么做，就参加了遗传所的第二届植物原生质体融合技术培训班，学习利用原生质体组织培养开展转基因研究。硕士毕业后，我在1987年3月到英国约翰·英纳斯中心（John Innes Center）读植物分子生物学博士，后来博士后出站后又到英纳斯中心做研究。在此期间结识了很多中国科学院的访问学者，其中就有许智宏先生。时任中国科学院副院长的许先生向我介绍了中国科学院"百人计划"，鼓励我回国。所以，在国外求学工作十年后，我在 1997 年 7 月 1 日回国。

我是非常幸运的一代，回来了之后就直接担任课题负责人。尽管那个时候国内科研环境相比国外有落差，但国家需要你，科学院很重视你，就会让你觉得非常荣幸。当时我从许智宏副院长那里获得了 20 万元的院长基金支持。在回国后第一个月，当时白春礼副院长就到我实验室慰问、聊工作，让我觉得很受重视。我的事业就这么起步了。

问题：关于植物生殖研究，您的课题组目前的聚焦点是什么？回国之初，您的工作是否曾因研究条件受限？你觉得我国植物生殖研究 20 年来有什么变化？

薛勇彪：我的研究与物种的生殖障碍有关，如果存在生殖障碍，物种就能分化，形成新物种。另外，搞清楚生殖障碍，就可以做物种的远缘杂交，利用起相关的遗传资源。我现在感兴趣的一个问题是通过研究生殖障碍了解植物物种的起源；另一个问题是植物对环境的响应，比如植物如何响应温度变化。

科学问题在哪里都能做，设备不是问题，我们那会儿的合作非常好。我回国后第一篇论文的一个重要的合作者是中国科学院上海生物化学研究所洪国藩院士，当时他那儿有全国最好的测序仪。另外，我们在构建金鱼草细菌人工染色体基因组文库的时候，借用了李家洋院士实验室的高通量点样机械手，那是当时全国最好的机械手。如果只是自己关起门来一个人搞研究，就做不了这些事情。

生殖研究在国内外一直都是热点，现在国内植物生殖研究的体量比 20 年前大了很多。记得回国之初，生殖方面的"攀登"计划（"973"项目的前身）不超过十个，有一定影响力的研究组也就十几个。现在，国内做植物生殖的研究组至少三位数，变化非常明显。随着这几年国家投入不断加大，各类研究项目的支持力度不断增强，加上人才引进，我国这方面的研究已经与国际水平相当。

问题：您如何看待世纪之交，遗传所、发育所、农业现代化所的三所合并？合并后，您在遗传发育所第一届领导班子中担任副所长。此后从 2004 年到 2014 年连续担任十年所长。期间，研究所两次被评为中国科学院 A 类研究所。您觉得其中的关键是什么？

薛勇彪：2001 年，在知识创新工程背景下进行三所合并后，李家洋院士担任所长，我担任分管科研的副所长。当时，在新中国成立初期制定的"土、肥、水、种、密、保、管、工"的农业八字宪法中，土、水、肥强调得比较多，密、保、管、工强调得更多，但是种子强调得比较少。三所合并的目标是优化、整合学科力量。从学科角度来讲，遗传学和发育生物学是相互关联的两个很重要的学科，石家庄所的优势是可以长期立足于华北做小麦和玉米育种。

研究所被评为 A 类，凝心聚力是第一件事。当时，我们每次战略研讨都要讲人心齐，泰山移。如果人心不在一块儿，管理、支撑、科研就都不在一块儿。我们当时关键的一点是，从老领导到我们的新班子再到所有课题组负责人，目标都是一样，提高研究所的创新能力，这让我们在 2005 年和 2009 年两次中国科学院研究所评估中连续被评为优秀。

问题：在"培养未来人"方面，遗传发育所 2007 年率先在全国对博士生培养条例做了修订，取消博士毕业要发表 SCI 论文的要求。是什么让所里决定这样做？

薛勇彪：取消发表文章是结果，这件事在我印象里特别深刻。以前，我们博士毕业时的要求是，通过匿名同行评审及论文答辩，并且有第一或者并列第一作者发表的 SCI 文章。我们在 2007 年取消了博士 SCI 论文要求。

实际上，我们的这套制度是按照国家学位条例标准要求做的。依据标准，我所对博士研究生的学位授予要求是：第一是掌握基础理论和知识；第二是具备独立进行科学研究的能力；第三是做出原创性的科学发现。虽然取消了发表论文的要求，但并没有放松对学生各方面能力的要求。

另外，有一些研究工作需要传承，一代两代学生做下来，才能解决一个问题，否则先发表文章，工作并不完整。当然，我们还制定相应的规范来执行这个条例，比如实行了弹性学制，在有些情况下，学制会被延长；也有退出机制，如果两次匿名评审不过，就不授予学位。

问题：您曾多次承担中国科学院分子设计育种重大项目，请问分子设计育种与传统育种相比有哪些优势？目前，这种技术的应用情况如何？

薛勇彪： 分子生物学带动了整个遗传学的发展。传统育种只看表型，在分子生物学介入以后，可以让育种更加精确，缩短了育种周期，提高了育种效率，整个学科的发展发生了很大的变化。但遗传学研究的是遗传规律，分子生物学只是手段。学科在迭代发展，研究手段也在不断变化。

我回国时，生物学进入基因组学时代。但有了基因组之后，仍然存在问题，基因型跟表型的关系还是不清楚。2001 年，中国科学院投入 5000 万元启动知识创新工程二期重大项目"水稻基因组测序和重要农艺性状功能基因组研究"，下设三个课题。课题一做水稻基因组测序，负责人是杨焕明；课题二做水稻第四号染色体精确测序，负责人是韩斌；课题三研究的是水稻功能基因组学，负责人是李家洋。我本人担任项目负责人。

项目完成后的下一步就是如何把这些知识转化到育种技术创新上，中国科学院知识创新工程重大项目"小麦、水稻重要农艺性状分子设计及新品种培育"随即启动，由我担任项目负责人。这是一个承前启后的项目，它稳定了一批年轻的队伍，也稳定了一批育种人才，在 2009 年结束。

在此基础上，中国科学院"分子模块设计育种创新体系"战略性先导科技专项在 2013 年启动，目标是为保障国家粮食安全提供新的技术途径。"模块"相当于一个或多个基因，作物的每个性状是由这些模块决定的，我们对分子模块做了解析、耦合、组装。这个项目在今年七月份正式结题，期间，我们发表了一批高水平的研究成果，还在全国各地推广了

500 万亩的新品种，其中包括 6 个国审品种、4 个省审品种，具有高产、优质、稳产等特点，我们的目标是要把这些品种升级换代。可以说，这个专项的实施为如何做好育种技术创新做了非常好的尝试，也取得了一些宝贵经验。

问题：您如何看待遗传发育所今天的实力？在遗传发育所成立 60 周年之际，您对研究所的发展有何建言？

薛勇彪：遗传发育所的科研实力在一些领域已经可以媲美国际上一流的研究所。这点反映在学术交流上来看，我们国际上的双向交流、多向交流一点没问题。一个例子是中日美三国的学生交流，日本奈良先端科技大学生物技术学院负责人曾经说过，之所以寻求与遗传发育所合作，是因为我们所的网站更新最快，几乎每天都有论文发表。再比如与美国杜邦公司的合作，都是源于我们的实力上来了。

研究所发展得好不好需要回头看：我们的科学发现有哪些能经得住时间的考验？哪些成果载入了中国科技发展史，或是在世界上引领或影响了科学的方向？总得来讲，我们"零到一"的原创性研究比较少。尽管我们水稻研究方面很有造诣，但依然缺乏原创思想。由于现在遗传学和发育生物学已经发展到一定阶段，很多中心法则已经摆在那里了，在植物科学研究方面，国外也到了一个瓶颈，所以开创性的研究很难做。

我们在遗传学和发育生物学领域，还有一些学科发展的短板待补，比如动物研究、人类健康研究。另外，我们的平台技术也需要系统、长期的工作，需要坚持。总得来说，希望研究所能够一代代薪火相传，凝心聚力，走得越来越好。

解决"卡脖子"问题离不开基础科研

——中国科学院院士曹晓风访谈

导读

中国科学院院士中，女性所占比例仅有6%。由于所担任的多重社会角色，女性科学家取得成功要付出更多的艰辛。作为一名女性科学家，曹晓风的自我追求就是做最好的自己！曹晓风是我国最早系统研究植物表观遗传调控机理的学者之一，回国16年来，她带领团队率先在国际上做出了两项"首创"性基础研究成果，同时在农业应用领域致力于水稻温敏不育研究。关于未来，除了探索感兴趣的基础科学和应用创新，曹晓风表示，培养和发现人才是最优先考虑的事，同时也会尽力推动女性从事科研的工作。

曹晓风，1965年出生于北京，植物表观遗传学家，中国科学院院士，发展中国家科学院院士。

问题：2002年，您选择从美国加州大学洛杉矶分校回国到遗传发育所工作，这背后有什么故事吗？

曹晓风：我在美国加州大学洛杉矶分校做了4年多的博士后研究，期间与导师斯蒂芬·雅各布森（Steven Jacbosen）一起研究DNA甲基化在基因沉默建立和维持的分子机理，在《科学》《美国国家科学院院刊》和《当代生物学》（*Current Biology*）等刊物上先后发表了12篇相关论文。我的导师非常希望我能继续留在美国和他一起做研究。一方面我感觉前面取得的成绩很难再超越，另一方面那段时间发生了一系列的事情。

2001 年，"9·11"事件发生，美国人对此义愤填膺，对比 1999 年中国驻南斯拉夫大使馆被轰炸事件后美国人的无动于衷，我清醒地意识到，无论大家的学术观点多么相合，科研合作多么默契，在面对国家和民族利益的时候，还是会有很大分歧。2002 年，我回国探亲时应邀到遗传发育所做学术报告，时任所长李家洋和副所长薛勇彪都非常希望我回国发展。那时中国科学院已经开始知识创新工程，研究所对海外科研人才非常重视，同时，我所从事的表观遗传学研究在国内还是空白，能够组建一个团队在自己感兴趣的领域进行深入研究，我觉得很有挑战性，所以我参加并通过了 2002 年 9 月中国科学院"百人计划"评审，2003 年 6 月就彻底回国了。

问题：回来之初，国内的科研条件是否让您觉得有落差？

曹晓风：那会儿研究所的物质条件的确特别艰难。所里临时给我腾出了一间玉米储藏室，40 多平方米的屋子被隔成几个小间，用来办公、做实验和放仪器。我的办公室是一个约 8 平方米大的隔间，唯一的小窗户要站在凳子上才能看得到外面。当时的科研经费也没法跟现在比。2003 年，华大基因从研究所搬走了，我们实验室还捡了一些旧的办公家具。

虽然物质条件比较艰苦，但是研究所的管理和科研文化特别好，从所领导到管理部门都非常关心我们。刚刚做研究组长缺乏经验，更早回来的研究组长会分享科研项目的申请信息，帮助修改项目申请书和预答辩资料；所领导也大胆让我挑大梁，帮助我一起组织了科技部、基金委、中国科学院几个表观遗传学领域的研究项目和团队项目。这些对我回国后快速开展课题研究给予了极大的帮助。

问题：回国后，您的研究聚焦是否发生了变化？当时的条件不太好，但您却做出了国际领先的成果，请您就您的科研工作做做科普。

曹晓风：在美国，我研究的主要是 DNA 甲基化建立和维持的分子机制，回国后我希望能选择一个与原来有所区别且具有挑战性的研究方向。

因此决定以拟南芥和水稻为材料，研究植物组蛋白甲基化和小分子RNA影响植物生长发育的调控机理。当时的一项工作与转座子（跳跃基因）有关。

可以跳跃的转座子又被称为调控元件，是由美国遗传学家芭芭拉·麦克林托克（Barbara McClintock）在玉米中首次发现，芭芭拉因此获得了诺贝尔生理学或医学奖。曾经人们认为转座子是"垃圾DNA"，现在我们知道转座子跳跃是把"双刃剑"。一方面，转座子异常跳跃会引发基因组不稳定，例如，人类近百种疾病与转座子插入相关；另一方面，转座子是进化的驱动力，例如，转座子插入到一个分枝控制基因，使得多分枝的玉米祖先驯化为我们熟知的单杆栽培玉米。我们实验室在2007年观察到，H3K9甲基转移酶突变会导致一类转座子*TOS17*跳跃，首次将组蛋白甲基化与转座子跳跃联系在一起，为植物变异和癌症研究提供了新的理论基础。文章在《植物细胞》上发表后，被《细胞》杂志专文评述。

我们另外一个重要发现是H3K4去甲基化酶功能缺失后，会导致另一类转座子*Karma*发生跳跃。由于*TOS17*和*Karma*分别坐落在常染色质和异染色质区，并被特异的组蛋白修饰所沉默，因此我们提出了处于不同染色质微环境的转座子被不同表观遗传机制所调控的模型。此后，我们又发现小分子RNA也会影响转座子的活性，并且能够影响旁邻基因的表达。这项研究揭示了转座子调控基因表达的分子基础，首次在全基因组范围内证实了麦克林托克提出的转座子是调控元件的假说。

《科学》杂志在2005年公布了125个科学前沿问题，其中一个问题是：基因组"垃圾DNA"——转座子有什么作用？我们的研究给出了明确回答并揭示了转座子的调控机制，这不仅为水稻改良和分子设计育种提供了新的思路和线索，也为其他作物的研究提供了很好的借鉴作用。

问题：您聚焦的温敏不育研究"十年磨一剑"，请问目前实验现状如何？难题在哪里？

曹晓风：杂交水稻生产包括三系法和两系法，温敏不育系的选育是我国两系杂交稻育种的核心。两系法利用温敏两用核不育系，育性转变依赖于环境条件。在高温条件下，温敏两用核不育系可以与恢复系杂交制备杂交种，而在低温条件下可以自交结实完成不育系的繁殖，达到一系两用。与三系法相比，两系法因不受限于恢保关系，配组自由，更利于选育出杂种优势强大的组合。

我们从 2004 年起与水稻育种学家合作开展温敏不育系株 1S 研究，到 2014 年出的第一篇成果，与合作者们一起找到了控制杂交稻温度敏感的雄性不育基因 tms5，发现中国两系杂交稻中带有这个基因的品种种植面积占 95%。育性转育起点温度是温敏不育系的关键指标，上升一度都会影响不育系安全制种区域的选择。我们发现并不是所有带有 tms5 基因的不育系都具有相同的育性转育起点温度，我们研究的不育系株 1S 是迄今为止国内育种应用中育性转育起点温度最低的两用不育系之一。温敏不育的一个难题是探寻并找到调控温度的分子机制，只有知道水稻育性如何受温度调控，才会避免在生产中出现温度异常造成的减产风险。

问题：您曾说最喜欢做的事是做科学和做老师，16 年来，您实验室培养了多少名学生？您的育人理念是什么？您所认同的科研态度又是什么？

曹晓风：我的实验室已经培养 50 多位学生（包括博士后），他们绝大多数都工作在科研一线，其中做教授的有十多位。这是我最自豪的地方。我认为为师为学、教学育人要以"德"为先，科学研究是导师和学生在互动、信任中完成的。在科研教学过程中，导师更像是顾问，帮助答疑解惑，讨论具体研究方案，把握大方向。师生之间应当平等对话，互相交流思想，没有绝对权威，科学面前大家人人平等。

一个人应该出于兴趣才来做科学，有天赋更得有毅力。做科研没有兴趣和好奇心是非常痛苦的。所以，科研不仅仅是工作，更多的时候是发自内心热爱它，希望发现自然的奥秘，揭示自然发生的规律。这些规律在发现的时候不一定有直接用途，但最终会对科学和社会发展起到推动作用，造福人类。另外，做科研不能随波逐流，不能盲从，找到自己感兴趣的重要科学问题，一旦确定研究方向就要坚持下去。科学需要探索难题、解决难题，要专心致志，要沉得住气、耐得住寂寞，要做好面对困难、承受挫折的长期心理准备。

问题：您如何看待科学家的社会责任？下一步最想做的是什么？

曹晓风：对我来说，社会责任就是科学、教育和女性三个主题。首先，创新是发展的第一要素，而创新的源动力来源于基础科学，解决中国的"卡脖子"问题还是要靠基础科学。同时，基础科学与实践联系很紧密，并不矛盾，很多前沿性基础问题都来源于实践。例如，揭示植物耐低温的分子机制对于保证水稻的稳产十分重要。黑龙江是我国的农业大省，对于保障国家粮食安全具有重要作用，但由于地理位置靠北，频繁的低温冷害会导致粮食减产。我们课题组在中国科学院战略性科技先导专项的支持下，正在对温度影响水稻产量展开相关研究。

在教育上，我作为中国科学院大学教授参与授课并培养研究生，希望更多的年轻人热爱科研，从事科学研究；同时，也希望自己能作为"伯乐"，发现优秀的青年才俊，吸引他们来到遗传发育所学习和工作，为研究所的发展贡献力量。

女性问题有两点需要社会关注。一方面，欠发达地区女性的社会地位依然较低，受教育机会相对较少；另一方面，女性科技人员总量仍偏低，高层次女性科技人员尤其偏少，两院院士中女性不足6%。女性扮演着多重社会角色和家庭角色，需要更多的政策进行关心和鼓励，使女性能真正撑起"半边天"。我希望能够为女性发展尽微薄之力。

问题：您如何看待我国遗传学的发展现状？展望未来，您觉得遗传发育所在哪些领域可以有所作为？

曹晓风：我国遗传学已经到了一个史无前例的发展高潮。随着测序技术的快速发展和越来越多的物种基因组得到破译，以及细胞重编程和基因组编辑等技术上的重大突破，动植物遗传学和表观遗传学的发展获得了前所未有的发展契机。近十几年来，大批优秀青年学者从海外归来，我国在作物基因组学、功能基因组学、复杂性状调控网络解析、染色质高级结构、干细胞和胚胎发育早期表观遗传调控机理等领域产生了一大批具有原创意义的研究成果。2017 年，《自然 – 植物学》（*Nature Plants*）以"中国农业的复兴"为题发表了一篇社论，认为中国在作物科学特别是水稻研究领域已经取得巨大进步，引领了国际学科发展。

　　未来，遗传发育所可以在多个研究领域有所作为，例如，作物重要复杂农艺性状的遗传解析、品质和抗性的重要基因资源挖掘和利用、植物发育可塑性和适应性机理研究、基因组编辑和合成生物学、再生医学等。随着新研究员的加入，研究所也不断会有新的、意想不到的成果产生。

"中国科学的未来定会无限光明"

——英国皇家学会会士约翰·罗杰·斯皮克曼访谈

导读

约翰·罗杰·斯皮克曼（John Roger Speakman）是一位来自英国的科学家，对动物和人类能量平衡方面的研究情有独钟，喜欢生活中"令人兴奋"的挑战，2011年到遗传发育所工作。置身于不同文化背景的经历，使他以独特的视角看待中国科学的发展：中国在科学和创新领域的投入意味着，它一定会是世界上最大的科学国家。如果其他国家能够意识到这一点，并设法加入这个过程，才不会被甩在后面。

约翰·罗杰·斯皮克曼（John Roger Speakman），动物生理学家，英国皇家学会会士，爱丁堡皇家学会会士，欧洲科学院院士，美国科学促进会会士。

问题：与遗传发育所结缘，您记忆最深刻的事情是什么？

斯皮克曼：它与一封邮件有关。2011年7月初的一天，作为即将开幕的国际生理科学联盟大会科学顾问委员会的一员，我正坐在英国牛津大学一间偌大会议室的圆桌前面，和十余位教授讨论着推选哪些人担任大会分会的发言人。这时，兜里的手机振了一下，有新邮件。

放在往常，我在开会时不会看手机。但那天，我把手机拿到桌子底下，点开，打开邮箱。这是来自一封中国的邮件，发件人是中国科学院遗传与发育生物学研究所王秀杰研究员，内容非常简短——"职位已获批"。这封邮件让我激动不已，在会议咖啡间歇，我给妻子打电话，说她可能不相信发生的这件事有多么出人意料。

从那一刻起，一段美妙的探索之旅拉开了序幕，我和家人的生活也进入到了另一条轨道。8月初，我和儿子先登上了飞往北京的航班。六周后，我的太太也来到中国。女儿因为要上大学，就留在了英国。

问题：这封邮件后面有什么故事吗？

斯皮克曼：这是一个很漫长的过程。2003年，我第一次来中国参加学术会议，但因为SARS爆发，行程有些令人扫兴。2005年，在结婚纪念日25周年时，我们全家决定到中国旅游度假。关键是我们如此喜欢中国，此后每年都会来这里。

期间，我在一次会议上遇到了中国科学院动物研究所王德华研究员，美丽的邂逅让我们开始合作。2007年，我们从英国皇家学会和中国国家自然科学基金委员会获得一些资助，研究青藏高原自由生活小型哺乳动物的能量消耗。从那时起，我会不时地来这里做研究。

2010年5月，我与德华完成在青藏高原的野外工作，从西宁飞往北京途中，他向我提起了"千人计划"。我仔细了解了这个项目，发现它有两个职位类别：一个要在中国待3个月，另一个9个月。我坚信，如果要想把事干成，就选择9个月那个，要么就不干。

在与中国科学院遗传与发育生物学研究所的研究人员和所领导多次见面沟通后，2011年初，我正式递交了"千人计划"项目申请。7月，就收到了秀杰的那封邮件。一想到要去中国工作和生活，我就莫名地激动。最重要的是，我太太对此全力支持。

问题：请介绍一下您关于能量平衡的研究。

斯皮克曼：它主要聚焦的是能量如何进出体内，能量利用是动物所有行为的基础，它可以解释动物行为学和生理学的各个方面。肥胖是其中的一个点。比如我们并不知道是什么原因让人们吃更多的食物，导致肥胖的因素是什么？以美国为例，有人认为肥胖可能是吃快餐造成的。我们分析数据后发现，肥胖率和快餐店分布之间的关联非常弱。

在动物能量需求方面，我们研究过南极企鹅、非洲野犬、猎豹、鼹鼠、狐猴。我还与中国科研人员合作，研究了大熊猫、濒危叶猴、转基因猪和青藏高原鼠兔的能量交换。这些研究有助于了解限制动物能力的因素，比如是什么在影响动物卡路里的摄入以及它们对寒冷的反应，等等。

问题：来华近 8 年，您的实验室建设情况如何？有何收获？

斯皮克曼：目前，已经有 17 人从我的实验室毕业。现在，我的团队有 14 名成员，包括 1 位主管、4 位博士后、2 位访问学者，还有 6 名研究生。我在阿伯丁的团队还有八九人，北京实验室和阿伯丁实验室之间的学生交流日益密切。

我们已发表近百篇论文。其中，2 篇发表在《科学》期刊上，1 篇刊登在《自然 - 方法学》(*Nature Methods*) 期刊上，还有 1 篇见诸于《美国科学院院刊》。我们还为数个项目建立了大型国际合作网络。另外，做科普也很重要，我在给《牛顿科学世界》撰写科普文章，业余时间还会到咖啡馆做一些科普讲座。正是因为这些建树，我万分有幸获得了 2015 年度中国科学院国际合作奖。

问题：您来华的梦想实现了吗？

斯皮克曼：作为一名科学家，在成功时往往要做一些非学术的工作，比如做系主任、所长，这些职务也很重要，但你很难再投入科研，做的不再是科学，而是会议、管理。在英国担任阿伯丁大学生物和环境科学研究所所长时，我就在做很多这样的事情。

这正是我来中国最好的地方，在这里我能够回归科学，与学生互动，参与实验，有更高的产出。2018 年 5 月，我成为英国皇家学会会士，能有机会来遗传发育所工作并将我所有时间都投入到研究中非常重要。

问题：您如何应对跨文化挑战？

斯皮克曼：无论什么时候，改变生活都会遇到挑战，但这也会令人兴奋。如果生活有改变，你就要对变化作出应对。否则，如果一天天重复同样的事情，对事物感到厌倦，不是好事。

来到这里后，我还注册了数学课程，从 2011 年到 2017 年利用晚上和周末在英国开放大学学习网上课程。这不仅是因为数学对生物学变得日益重要，而且因为它是不同的，具有刺激性，可以让我的大脑保持活跃。

来中国也是如此。尽管有一些困难，但我们喜欢这里。我们的讨论是如何设法在这里工作，而且适应得都很好。我的妻子现在在北京一所学校当英语老师，儿子已经在爱丁堡大学攻读学位。

问题：2017 年，您与中国科学院白春礼院长一起回到英国，呼吁英国科学家"向中国看"。请您谈谈当时的背景。

斯皮克曼：这是一次非常有意思的经历。2017 年是中英建交 45 周年，中国科学院与英国皇家学会在推动新的科技合作，推进双方科学家互访交流。安德鲁王子（约克公爵）希望增进这种友谊，他邀请双方科学家到白金汉宫交流。为了这件事，我把所有其他的日程都推掉了。

在 2 月底白金汉宫的招待会上，白春礼院长介绍了中国科学院国际人才计划（PIFI）。100 余位来自英国皇家学会、科研机构、大学和企业的知名人士参加了会议，其中包括一批院士、大学校长和科研机构的负责人。我在会上做了约 20 分钟的演讲，介绍了在中国做科研的感受，鼓励大家勇于冒险，利用中国优良的科研环境与一流的科学家合作开展科研工作。

问题：您对未来中英在科学领域的合作有何建言？

斯皮克曼：英国还没有认识到中国在世界科技舞台上如何快速发展。在电视上看到和从人们口中听到的是，中国的经济正在停止增长。但实际上，中国经济仍在以 6% ～ 7% 的速度增长。世界上很多国家的经济增长率都在 2% 左右，中国的增长率是它们的 3 倍，而且中国已经是世界第二大经济体。毫无疑问，在 10 年内，中国将发展为世界上最大的经济体。

中国在科学和创新领域的投入意味着，它一定会是世界上最大的科学国家。问题是谁会加入到这个过程中来？如果其他国家能够意识到这一点，并设法加入它，成为它的一部分，才不会被甩在后面。中国科学的未来肯定是无限光明的，中国一定会是科技力量最强的国家。

"一带一路"倡议在吸引其他国家参与进来。我注意到意大利等欧洲国家已经在与中国签订合同。目前，英国科学发展仍然很好，相比于英国的人口，来自英国的诺贝尔奖得主的比例非常高。尽管在脱欧之际，英国科学正在受到严重的负面影响，一些领域开始萎缩，但英国在很多科学领域依然很强，尤其是在人工智能领域。我相信，未来两国会有更多的合作。

Appendix I 附录一

遗传发育所重要成果

20 世纪 60 年代

率先开展雄性不育三系配套和杂种优势利用研究，选配一批高产杂交高粱

开展低剂量电离辐射对人的遗传学效应研究，开创我国辐射遗传学研究领域

1970 年

在国内首次以水稻为材料进行花药培养成功

1971 年

国际上首次获得小麦花粉植株，之后在国际上首次报道玉米、三叶橡胶、甘蔗等作物花药培养诱导花粉植株成功

参加"中国科学院青藏高原综合科学考察规划"，开展大麦、小麦起源的进化研究，出版《西藏野生大麦》《西藏作物》图书

1973 年

率先开展哺乳动物胚胎移植工程，国内首次进行家兔鲜胚移植成功

1974 年

国内首次进行羊胚胎移植成功，拉开我国家畜胚胎工程研究序幕

1978 年

"高粱雄性不育及其高粱杂种优势的应用"获得全国科学大会重大科技成果奖

"花粉单倍体育种"获得全国科学大会重大科技成果奖

"八四一国防科研任务"获得全国科学大会重大科技成果奖

"细菌 α–淀粉酶高产菌株 209 的选育和投产"获得全国科学大会重大科技成果奖

"甘薯新品种北京红"获得中国科学院重大科技成果奖

"'科遗号'小麦品种"获得中国科学院重大科技成果奖

"'科遗 2 号''科遗 181'棉花新品种的培育"获得中国科学院重大科技成果奖

"小剂量电离辐射的遗传学效应"获得中国科学院重大科技成果奖

"我国白血病动物模型 L615 小鼠白血病标记染色体的发现"获得中国科学院重大科技成果奖

"绵羊受精卵移植成功及兔和绵羊受精卵体外保存取得初步成果"获得中国科学院重大科技成果奖

"诱导玉米花粉植株成功"获得中国科学院重大科技成果奖

"奶牛胚胎移植的研究"获得中国科学院科技成果二等奖

"人类遗传疾病的产前诊断"获得中国科学院优秀成果二等奖

1979 年

"三叶橡胶花粉植株的培育"获得中国科学院科技成果二等奖

1980 年

"从小麦、烟草未传粉子房诱导出单倍体植株"获得中国科学院科技成果二等奖

1983 年

"甘薯优大高密繁种法"获得中国科学院科技成果二等奖

1985 年

"早起产前遗传疾病诊断技术"获得国家科学技术进步二等奖

"现代化单机体系的研究开发与建设"获得国家科委科学技术进步二等奖

1986 年

"预防性优生研究"获得国家计生委科学技术进步二等奖

"诱变 30 号大豆新品种及其选育"获得国家科委科技进步一等奖和中国科学院六五重大科技成果奖

"棉属种间杂交新技术的创立"获得中国科学院科学技术进步二等奖

1987 年

"黄淮海平原中低产地区综合治理的研究"获得中国科学院科学技术进步特等奖

"罗非鱼矿物元素添加剂最佳配方的筛选试验研究"获得中国科学院科学技术进步二等奖

"海河流域低平原牧草发展与早期丰产技术的研究"获得中国科学院科学技术进步二等奖

"鱼类细胞核移植技术及鲤鲫移核鱼"获得中国科学院科学技术进步二等奖

"抗叶斑病玉米群单 105 的推广应用"获得中国科学院科学技术进步二等奖

1988 年

"人体染色体脆点的研究"获得国家科技进步二等奖

1989 年

"哺乳动物个体表达系统"获得中国科学院科学技术进步一等奖

"核糖体蛋白质对信使 RNA 的翻译特异性研究"获得中国科学院自然科学二等奖

"大豆花叶病毒的分离鉴定及抗源的筛选"获得中国科学院科学技术进步二等奖

首次将细胞核移植技术应用于哺乳动物,获得克隆兔

1990 年

"主要农作物原生质体再生植株"获得中国科学院自然科学一等奖,次年获得国家自然科学三等奖

"家兔个体表达系统的建立"获得中国科学院科学技术进步一等奖

"甘薯优健高增产法"获得中国科学院科学技术进步二等奖

"华北山前平原栾城县城郊型农业发展研究"获得中国科学院科学技术进步二等奖

"南皮近滨海缺水盐渍区综合治理配套技术研究"获得河北省科学技术进步一等奖

1991 年

"北京白鸡高产配套系的育成及推广"研究课题获得国家星火科技奖一等奖

"草鱼乳酸脱氢酶同工酶纯化和免疫化反应研究"获得农业部科学技术进步一等奖，次年获得国家科委科学技术进步三等奖

"南皮近滨海缺水盐渍区综合治理配套技术研究"获得中国科学院科学技术进步一等奖

"黑龙港类型区综合治理与农业资源开发利用研究"获得中国科学院科学技术进步一等奖

"太行山低山丘陵立体林业工程研究"获得中国科学院科学技术进步二等奖

"河北省河间县农村能源综合建设试点配套技术的研究"获得中国科学院科学技术进步二等奖

1992 年

"MT-HGH 转基因团头鲂和鲤鱼的研究"获得农业部科学技术进步二等奖

1993 年

"黄淮海平原综合治理和合理开发研究——南皮常庄试区"获得国家科委科学技术进步特等奖

"胡萝卜全果实混悬液及系列制品制备的研究"获得中国科学院科学技术进步二等奖

"麦类作物抗白粉病基因定位和抗源创新"获得农业部科学技术进步二等奖

国际首次获得第一批"连续细胞核移植"克隆山羊

1994 年

"工业用兼食用甘薯新品种'遗306'"获得中国科学院科学技术进步一等奖

早熟、高产稳定、优质、适应性广的大豆新品种'科丰6号'获得中国科学院科技进步二等奖

"大豆化学诱变育种研究及育成'宝诱17号'新品种"获得中国科学院科学技术进步二等奖

"农村庭院生态系统结构功能与开发利用模式研究"获得中国科学院科学技术进步二等奖

"山羊胚胎细胞经继代核移植后发育能力的研究"入选年度全国十大科技新闻之一，1995年获得中国科学院科学技术进步一等奖

1995 年

"'遗糯303'等5个玉米优良新种质的培育及利用"获得中国科学院科学技术进步二等奖

"小麦花粉无性系变异机制与配子类型的重组与表达规律"获得中国科学院自然科学二等奖

"涂层尿素应用技术与开发研究"获得中国科学院科学技术进步二等奖，次年获得国家科学技术进步三等奖

1996 年

"用小冰麦异附加系建立有重要育种价值的异位系的研究"获得国家科技进步一等奖

"甘薯新品种选育"和"小麦亲本评价与研究"获得国家八五科技攻关重大科技成果奖

"小麦远缘杂交新品种——'旱优504'"获得中国科学院科学技术进步二等奖

国内首次获得乳腺特异表达外源红细胞因子（EPO）的转基因山羊

1997 年

"小麦花粉无性系变异机制与配子类型的重组与表达规律"获得国家自然科学奖二等奖

1998 年

"水稻花粉植株的产生、特性与应用的基础研究"获得中国科学院自
然科学奖二等奖

"棉属中间杂交育种体系的创立"获得中国科学院发明奖特等奖，次
年获得国家技术发明三等奖

2000 年

棉花新品种'石远 321'获得农业部科学技术进步二等奖

"小麦核质杂种育种新技术"获得中国科学院发明二等奖

"小麦远缘杂交创新材料的研究"获得贵州省科学技术进步一等奖

2001 年

"人类基因组'中国卷'率先绘制完成"获得国家自然科学二等奖，
入选年度世界十大科技进展和年度中国十大科技进展新闻

"我国首次独立完成水稻基因组、工作框架图和数据库"和"我国创
世界棉花单产三连冠"入选年度中国十大科技进展新闻

"优质面包小麦新品种——'高优 503'"获得国家科学技术进步二等
奖和中国科学院科学技术进步一等奖

"小麦远缘杂交新品种'石远 321'"获得国家科学技术进步二等奖

"高产蛋鸡新配套系的育成及配套技术的研究与应用"获国家科技进
步二等

"我国大麦黄花叶病毒株系鉴定、抗原筛选、抗病毒品种应用及其分
子生物学研究"获得国家科学技术进步二等奖

2002 年

"科系号大豆种质创新及其应用研究"和"八倍体小偃麦与普通小麦
杂交育种"获得国家科学技术进步二等奖

"水稻基因组精细图"和"水稻第四号染色体精确测序图"入选年度中国十大科技进展新闻,被美国《科学》杂志评为年度世界十大科技突破之一

"国际人类基因组计划 1% 基因组测序项目"获得国家自然科学二等奖

2003 年

"我国科学家揭示水稻高产的分子奥秘和超级杂交稻研究取得重大突破"入选年度中国十大科技进展新闻

"黄淮海平原持续高效农业综合技术研究与示范"获得国家科技进步二等奖

2004 年

"节水高产型冬小麦新品种'石 4185'"获得国家科学技术进步二等奖

2005 年

"高等植物株型形成的分子基础研究"获得国家自然科学二等奖

"中国不同民族永生细胞库的建立和中华民族遗传多样性的研究"获得国家自然科学二等奖

2006 年

李振声院士获得国家最高科学技术奖

"河北太行山区农业发展系统分析与发展模式研究"获得河北省第十届社会科学优秀奖二等奖

2007 年

"显花植物自交不亲和性分子机理"获得国家自然科学二等奖

"华北半湿润片旱井灌区节水农业中和技术体系集成与示范"获得国家科学技术进步二等奖

2009 年

"提高农田水分利用效率的界面调控机理研究"获得河北省自然科学
　　二等奖

"超级杂交水稻杂种优势分子机理研究"入选年度中国基础研究十大
　　新闻

"鉴别出与超级杂交水稻杂种优势相关的潜在功能基因"入选年度中
　　国科学十大进展

2010 年

"水稻理想株型形成的分子调控机制"入选年度中国科学十大进展

"水稻基因育种技术获得突破性进展"入选年度中国十大科技进展
　　新闻

2012 年

与美国、荷兰、以色列等 14 个国家 300 多位科学家共同完成栽培番
　　茄全基因组精细序列分析

2013 年

"被子植物有性生殖的分子机理研究"获得国家自然科学二等奖

"华北平原缺水区保护性耕作技术集成研究与示范"获得河北省科学
　　技术进步一等奖

领衔完成的"小麦 A 基因组草图绘制"入选年度中国科学十大进展

"水稻高产优质性状的分子基础及其应用研究集体"获得中国科学院
　　杰出科技成就奖

2014 年

"阐明独脚金内酯调控水稻分蘖和株型的信号途径"入选年度中国科
　　学十大进展

2015 年

"滨海平原盐碱区适生种植技术集成研究与示范"获得河北省科学技术进步奖一等奖

"农业用水演变及对水资源影响机制研究"获得河北省自然科学二等奖

John R. Speakman 获得中国科学院国际科技合作奖

2016 年

"农业用水效率提升机制及区域水资源可持续利用"获得河北省自然科学奖二等奖

"植物基因组编辑技术"入选《麻省理工科技评论》2016 年十大技术突破

"植物雌雄配子体识别的分子机制"入选年度中国生命科学领域十大进展

"农田耗水过程与水分利用效率调控机制"项目获得河北省自然科学二等奖

国际首次建立寨卡病毒小头畸形动物模型

2017 年

"水稻高产优质性状形成的分子机理及品种设计"获得国家自然科学一等奖

2018 年

"变化环境下干旱区水循环演变过程及植被动态响应机理研究"获得河北省自然科学一等奖

"调控植物生长 – 代谢平衡实现可持续农业发展"入选年度中国科学十大进展

"我国水稻分子设计育种取得新进展"入选年度中国十大科技进展新闻

"基因组研究""远缘杂交与分子育种研究""黄淮海科技会战和渤海粮仓科技示范工程""干细胞与再生医学研究"入选中国科学院改革开放四十年40项标志性重大科技成果

1951/07
建立中国科学院遗传选种实验馆

1955/12
遗传栽培研究室中的栽培部分
调整到西北农业生物研究所

1952/09
更名为中国科学院遗传栽培研究室
（隶属于中国科学院植物研究所）

1956/05
更名为中国科学院遗传研究室
（隶属于中国科学院植物研究所）

中国科学院动物研究所遗传组

1959/09/25
成立中国科学院遗传学研究所

2001/09/15
两所整合，组建中国科学院遗传
与发育生物学研究所

2003/11
成立中国科学院北京基因组研究所

遗传发育所历史沿革

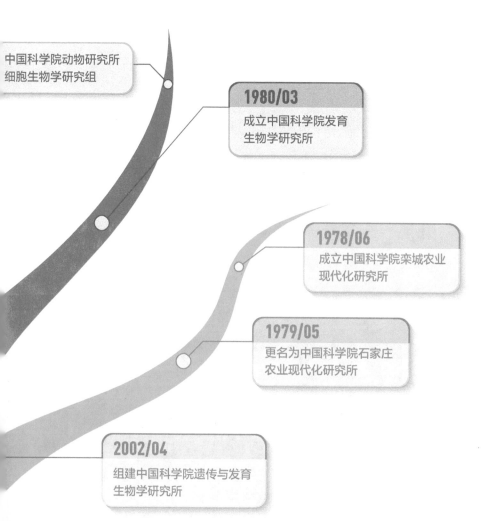

中国科学院动物研究所
细胞生物学研究组

1980/03
成立中国科学院发育
生物学研究所

1978/06
成立中国科学院栾城农业
现代化研究所

1979/05
更名为中国科学院石家庄
农业现代化研究所

2002/04
组建中国科学院遗传与发育
生物学研究所

2019 年，伟大祖国迎来 70 岁华诞，中国科学院亦成立 70 周年，也是中国科学院遗传与发育生物学研究所的第 60 个生日。值此之际，作为生命科学领域一个举足轻重的国立科研机构，遗传发育所决定编辑、出版一本记录研究所部分重大科技成就、重要发展的图书——《筑梦科学——一个国立生命科学研究机构的创新之路》(简称《筑梦科学》)，以此向祖国和中国科学院献礼。

通过《筑梦科学》，我们希望能够将"厚德、笃志、求索、创新"的遗传发育所精神发扬光大，让更多年轻的科技工作者了解历史，牢记科技报国的使命，增强创新文化凝聚力；同时，我们希望能够让关注自然科学、生命科学的公众，了解科学研究的内容和意义，能够为关注国立科研机构的读者提供一些参考。我们希望通过这样一本具有创新文化价值的图书，让科学向公众更加迈进一步。

习近平总书记深刻指出："科技创新、科学普及是实现创新发展的两翼，要把科学普及放在与科技创新同等重要的位置。"* 在编著和出版《筑梦科学》的过程中，我们深刻地认识到，科研机构和科研人员天然地承担着科学普及的责任，我们也切实地感受到公众对科学的热爱与日俱增。

本书在采访、创作和编写过程中得到了以下同仁的帮助，我们衷心地表示感谢（排名不分先后）：John R. Speakman、于军、王丹、王占升、王延鹏、王恢鹏、王文惠、王道文、亓磊、牛超群、毛钟荣、石佼、田魁祥、吕

---

* 引自 http://www.xinhuanet.com/politics/2016-06/01/c_1118972645.htm。

慧颖、朱立煌、朱桢、刘小京、刘瑶、刘蕊、孙永红、孙庆庆、孙勇如、李明、李绍武、杜淼、肖明杰、吴乃虎、吴德国、余泓、沈彦俊、杨焕明、张可心、张芳、张丽华、张相岐、张银红、张敏生、陈秀兰、林秋鹏、罗玲娟、郑家强、郑琪、孟姜果、孟菲、赵世民、赵庆华、荆玉栋、钟小诗、凌宏清、高彩霞、韩一波、景健康、程一松、储成才、谢旗、褚金芳、潘湘民、霍月青等。

感谢科学出版社董事长林鹏对本书编写工作的支持和帮助，感谢高教农林生物分社社长周万灏、编辑王玉时在出版过程中对于出版政策的指导，并提供高质量的编辑、校对和出版服务。

同时，受各种原因所限，本书的许多资料并没有完全反映遗传发育所 60 年发展的面貌。敬请读者提出宝贵意见、批评指正。

60 年，是遗传发育所成长和发展的诗篇与卷帙，更是继往开来、再铸辉煌的新起点。遗传发育所人将不忘报国初心，牢记科技强国使命，坚持"三个面向""四个率先"，不断提升原始创新能力，在国家现代农业和人口健康的科技创新体系中发挥骨干和引领作用，为国家经济和社会发展做出更大贡献。

在此，我们谨向长期以来关心、支持和帮助遗传发育所建设和发展的各级领导、兄弟单位、海内外所友、社会各界朋友，致以衷心的感谢！

《筑梦科学》编委会

2019 年 8 月 30 日